PhotoshopCC 人像精修一本通

麓山文化 编著

机械工业出版社

人像摄影是最常见，也是最难把握的主题。本书通过 108 个精美案例，系统、全面地讲解了人像各个部位精确润饰、修复、调整和完善的核心技术。读者可以大幅提高各项人像编修技能，充分享受人像摄影的乐趣。

全书共 13 章，可分为三个部分，第 1 部分（第 1 章、第 2 章）为基础准备，介绍了人像摄影的理论知识和人像精修基本工具的使用；第 2 部分（第 3～10 章）为人像精修部分，分别以眼部、唇部、脸型、头发、皮肤、身型等为主题，讲解了各个部位的修饰处理技巧；第 3 部分（第 11～13 章）为综合应用篇，分别以儿童、写真和婚纱照片为主题，讲解了不同主题照片的修饰和美化技巧。

本书所附光盘内容丰富，除提供全书所有实例的源文件和素材外，还免费赠送了全书所有实例，共 420 分钟的视频教程，以提高学习效率和兴趣。

本书实例精美、内容丰富，所有照片均由经验丰富的一线摄影师拍摄，在摄影用光、造型、美妆、创意等方面也有重要的参考价值。可作为广大的摄影爱好者、影楼后期处理工作人员参考学习。

图书在版编目（CIP）数据

Photoshop CC 人像精修一本通/麓山文化编著. —2 版. —北京：机械工业出版社，2014.1

ISBN 978-7-111-45824-1

Ⅰ. ①P⋯　Ⅱ. ①麓⋯　Ⅲ. ①图像处理软件—教材　Ⅳ. ①TP391.41

中国版本图书馆 CIP 数据核字(2014)第 026110 号

机械工业出版社（北京市百万庄大街 22 号　邮政编码 100037）
责任编辑：曲彩云
印　　刷：北京兰星球彩色印刷有限公司
2014 年 3 月第 2 版第 1 次印刷
184mm×260mm • 16.5 印张 • 404 千字
0001—4000 册
标准书号：ISBN 978-7-111-45824-1
　　　　　ISBN 978-7-89405-281-0　（光盘）
定价：59.00 元（含 1DVD）
凡购本书，如有缺页、倒页、脱页，由本社发行部调换
销售服务热线电话（010）68326294
购书热线电话（010）88379639　88379641　88379643
编辑热线电话（010）68327259
封面无防伪标均为盗版

前 PRAFACE 言

关于 Photoshop CC

2013 年 7 月，Adobe 公司推出最新版本 Photoshop——Photoshop CC（Creative Cloud）。相比此前的版本，Photoshop CC 带来许多新功能，如防抖滤镜、Camera Raw 工具、图像提升采样、属性面板改进、Behance 集成、云同步设置等。但 Photoshop CC 的系统安装需要也相对提高，它只能安装在 Windous7 系统或者更高级别的系统中。

Photoshop 是目前世界上最优秀的平面设计软件之一，因其界面友好、操作简单、功能强大，深受广大设计师的青睐，被广泛应用于插画、游戏、影视、海报、POP、照片处理等领域。本书立足于 Photoshop CC 软件的人像精修技法，通过大量行业案例演练，介绍其操作使用方法。

本书内容安排

本书是一本专门讲解中文版 Photoshop CC 人像精修技法的专业教材。全书通过 13 章、7 小时的高清视频教学，深入讲解了如何利用 Photoshop CC 修饰人像的方法及技巧。即使没有 Photoshop CC 软件基础的读者，也能够快速步入 Photoshop CC 人像精修的高手之列。

本书共 13 章，第 1 章是 Photoshop CC 人像精修的基础入门，讲解了人像摄影的注意事项以及软件的基本操作方法，使读者对人像摄影有全面的了解；第 2 章讲解了在 Photoshop CC 中如何利用各种基本工具对人像照片进行简单处理，以掌握基本工具的使用方法，并解决一些简单的人像照片问题；第 3 章～第 5 章，分别讲解了眼、鼻子、眉毛以及唇的修饰技能，以及全面掌握 Photoshop CC 各类工具的精修方法和技术；第 6 章是脸型轮廓的修饰，全面讲解了不同脸型的修饰方法，让读者了解 Photoshop CC 的多样性及重要性；第 7 章是发型与造型，通过实例的形式讲解了不同头发的修饰技巧，让读者轻而易举地处理头发；第 8 章是美肌修饰，讲解了在 Photoshop CC 中使用各种不同美化肌肤的方法，让读者了解美肌处理的核心要点；第 9 章、第 10 章讲解了形体的各种修饰方法，从各种修饰的方法中让读者学习人像精修的精髓所在；第 11 章～第 13 章，分别讲解了不同主题照片的修饰和美化技巧。

本书编写特色

总的来说，本书具有以下特色：

12 类精修技法放送	本书系统讲解了基础操作、修复、修饰等核心技术，对眼睛、眉毛、嘴巴、脸型、头发、手臂、身体、头部、儿童照片、写真照片、婚纱照片等 12 类人像照片处理细分案例进行了详细地剖析，并对艺术化与拓展应用进行引导式讲解，可帮助读者系统、快速地掌握 Photoshop CC 人像精修处理的技能
96 个摄影技巧奉献	书中附有人像摄影常用的摄影技巧，共计 96 个之多，全部奉献给读者，方便读者提升自身的实战技巧与经验
108 个实战步骤详解	本书是一本全操作性的技能实例手册，共计 108 个实例讲解，使读者在熟悉基础的同时能够熟练地掌握常见人像问题的精修技法

| 420 分钟视频演示呈现 | 本书配套光盘收录全书所有实例长达 7 小时的高清语音视频教学，可以在家享受专家课堂式的讲解，成倍提高学习兴趣和效率 |

本书光盘内容

本书附赠 DVD 多媒体学习光盘，除提供全书所有照片素材及最终效果文件，还配备了全书所有实例共 7 个多小时的高清语音视频教学，细心讲解每个实例的制作方法和过程，生动、详细的讲解，可以成倍提高学习兴趣和效率，真正物超所值。

本书创作团队

本书由麓山文化编著，具体参加编写的有：陈志民、江凡、张洁、马梅桂、戴京京、骆天、胡丹、陈运炳、申玉秀、李红萍、李红艺、李红术、陈云香、陈文香、陈军云、彭斌全、林小群、刘清平、钟睦、刘里锋、朱海涛、廖博、喻文明、易盛、陈晶、张绍华、黄柯、何凯、黄华、陈文轶、杨少波、杨芳、刘有良、刘珊、赵祖欣、齐慧明等。最后特别感谢西安自由摄影师邵泽锋老师对本书的大力支持。

由于编者水平有限，书中疏漏与不妥之处在所难免。在感谢您选择本书的同时，也希望您能够把对本书的意见和建议告诉我们。

编 者 邮箱：lushanbook@gmail.com

读者 QQ 群：327209040

麓山文化

目 录 CONTENTS

第 3 章

迷人眼目——眼部修饰

第 4 章

至善至美——修饰鼻子和眉毛

第 5 章

娇嫩欲滴——修饰唇部

第 6 章

月貌花容——修饰脸型轮廓

第 7 章

丰容盛鬋——人物的发型与造型

第8章

粉雕玉琢 —— 美肌修饰

第9章

手足情深 —— 修饰手足

第10章

婀娜多姿 —— 打造魔鬼身材

第11章

天真烂漫——儿童数码照片修饰

第12章

千娇百媚——艺术数码照片修饰

第13章

相濡以沫——婚纱数码照片修饰

▶室外人像摄影误区　　　　▶改变取景与构图方式

▶选取不同的人物拍摄角度　　▶直方图

▶高调与低调效果的人像表现　▶常见的文件格式

第1章
兵马未动，粮草先行——人像精修须知

　　步入数字时代的今天，数码相机的普及进一步激发了大众的摄影热情。人像摄影作为倍受喜爱的一类摄影主题，受到众多摄影师的关注。相对的，人像摄影的后期处理技术是需要掌握的常见处理内容，对于人像存在的一些瑕疵和缺陷，用有效的方法进行处理，可以实现化腐朽为神奇的惊人转变。本章主要针对人像摄影中的常见问题及图像处理基础知识的讲解，详细介绍了对人像摄影拍摄角度、构图方法、颜色模式、文件格式等案例的分析及处理方法。利用本章讲解的内容可以拍摄出独树一帜的人像摄影照片。

1.1 人像摄影常用技巧

要学习如何处理好人像照片，首先要掌握基本的人物摄影技巧，例如摄影中的误区、拍摄人物时的角度、人像摄影中影调与色调的表现、常用的构图方法等，本小节通过实例来讲解人像摄影中的一些技巧，运用本节所讲解的摄影技巧，可以拍摄出自己满意的人像摄影作品。

001 室外人像摄影误区

室外拍摄人像时，拍摄者可充分利用室外充足的光线和多种拍摄环境进行拍摄。在开始了解人像摄影的技巧之前，拍摄者需了解室外人像拍摄常见的误区，避开这些误区，拍摄者可以做得更好。

光线越强越好：充足的光照有利于拍摄者灵活控制画面效果，使拍摄者不必为确保准确而只能设置大光圈、慢速快门或使用闪光灯补光。但光线并非越强越好，室外最强的光线出现在正午，此时画面会出现过大的反差，拍摄者难以兼顾画面的亮暗两级，如图1-1所示。室外人像拍摄的最佳时间是上午八点至十一点以及下午四点以后，此时光线照射高度、强度、色温都比较适宜，如图1-2所示。

图1-1　正午时段拍摄

图1-2　下午四点以后拍摄图像

技巧：在人物视线方向多留空间可避免人物视线受阻碍，以免使画面显得拥堵。

构图越饱满越好：室外人像拍摄时应注意避免照片构图饱满，这样无法体现室外人像的特色，使画面显得单调，如图 1-3 所示；利用室外环境可营造出温馨、清爽、寂静等多种氛围，让人物充分融入环境，使画面的情感表达更加准确，画面的意境更加悠远，如图 1-4 所示。

图 1-3　构图饱满图像

图 1-4　三分法构图

技巧：在拍摄室外人像时，合理的环境处理方式不仅不会影响到人物的表现，还可使画面更加美观。通常应使画面保留环境的基本特征，例如秋天的室外人像可保留草地、黄叶等象征秋天的环境元素，如果环境简洁则可保留更多的环境。室外的环境不仅仅是画面的背景，也起着营造气氛的作用，所有拍摄者应让人物与环境保持紧密联系，例如在运动场拍摄穿着运动装的人物，可使人物与环境协调、统一。

在任何情况下都不使用闪光灯：虽然室外光线充足，但是闪光灯对于人像摄影的用途依然不可忽视。闪光灯不仅起着补光的作用，还在小范围内起着平衡画面的反差、协调画面色彩、补充画面立体感与空间感以及丰富画面效果等作用，闪光灯应用非常广泛，如果拍摄者善用闪光灯，那么一定能拍摄出非常精彩的人像照，如图 1-5、图 1-6 所示。

图 1-5　未使用闪光灯

图 1-6　使用闪光灯

技巧：正午时光线强、光质硬，白色的衣服反光容易曝光过度，硬光质使画面产生生硬的影子。到树荫里拍摄可得到柔和的光线，避免画面曝光不准确。

仅选择评价测光模式：拍摄者应根据室外光线的分布情况选择测光模式，这样才可使画面曝光准确并保持丰富的层次，如图 1-7 所示；评价测光模式适合于光线分布均匀的环境中拍摄，当在光线分布不均匀的环境中拍摄时，使用评价测光模式将使画面明暗差异缩小、影调变得平淡，如图 1-8 所示。

图 1-7　正确测光模式　　　　　　　　　　　　　　图 1-8　评价测光模式

002. 改变取景与构图方式

取景构图是拍摄者组织画面语言的方式，好的构图可增加画面的表现力与美感，使画面主体鲜明，整体更加协调。

特写式构图：人像的特写，指画面中只包括被摄者（或者有眼睛在内部的头部的大部分），以表现被摄者的面部特征为主要目的。这时，由于被摄者的面部形象占据了整个画面，给观众的视觉印象格外强烈，对拍摄角度的选择、光线的运用、神态的掌握、质感的表现等要求更为严格，摄影者尤其应仔细研究有关摄影造型的一切艺术手段，如图 1-9 所示。

近景式构图：近景人像包括被摄者头部和胸部的形象，它以表现人物的面部相貌为主，背景环境在画面中只占极少部分，仅作为人物的陪衬。近景人像，也能使被摄者的形象给人们较强烈的印象。同时，近景人像比特写能在画面中包括一点背景，这点背景往往可以起到交待环境、美化画面的作用，如图 1-10 所示。

图 1-9　特写式构图　　　　　　　　　　　　　图 1-10　近景式构图

半身式构图：半身人像往往从被摄者的头部到腰部，或腰部以下膝盖以上，除了以脸部面貌为主要表现对象以外，还常常包括手的动作。半身人像比近景或特写人像画面中有了更多的空间，因而可以表现更多的背景环境，能够使构图富有更多的变化。同时，画面里由于包括了被摄者的手部，就可以借助手部的动作帮助展现被摄者的内心状态，如图 1-11 所示。

全身式构图：全身人像包括被摄者整个的身形和面貌，同时容纳相当多的环境，使人物的形象与背景环境的特点相互结合，能得到适当的表现，如图 1-12 所示。

图 1-11　半身式构图　　　　　　　　　　　　　图 1-12　全身式构图

003. 选取不同的人物拍摄角度

选择拍摄角度是人像拍摄构图的第一步，拍摄角度的选择决定了画面将展现并强调人物哪方面的特征，也能起到暗示人物性格、修复人物身材的作用。

STEP 01 正面角度拍摄：正面角度拍摄是常用的角度，能展现人物的面部特征，突出人物表情、展现服饰的主要特征。不足的是正面拍摄不易突出人物的立体感，容易给人呆板的感觉，如图 1-13 所示；拍摄时可以安排非对称的人物 POSE 增加画面动感，还可以借助道具、用光等增加画面的立体感、空间感，如图 1-14 所示。

STEP 02 七分面角度拍摄：七分面人像，指被摄者正面部略微向一侧转动，但从相机的方向仍能看到被摄者脸部正面的绝大部分。如果以被摄者面部正面和侧面所占的比例划分，七分面人像应是脸部的正面占大部分，而侧面只占小部分，这种拍摄方法使照片显得轻松活泼，同时能更好地使照片显得轻松，同时能更好地使照片呈现出立体感，很适合脸部轮廓不够完美的人物，如图 1-15 所示。

图 1-13　正面角度拍摄　　　　图 1-14　正面角度拍摄　　　　图 1-15　七分面角度拍摄

STEP 03 侧面角度拍摄：侧面人像是指被摄者面向照相机侧方，与相机镜头光轴构成大约 90 度的角度拍摄的人像，从这个方向拍摄，其造型特点在于着重表现被摄者侧面的形象，尤其是从侧面观看时被摄者面部的轮廓特征，包括额头、鼻子、嘴、下巴的侧面轮廓。侧面人像最大的优点就是无论是胖还是瘦，只要具备良好的侧面轮廓条件，都适宜采用这种角度拍摄，如图 1-16 所示。

STEP 04 俯拍突出人物面部：俯拍即从较高位置拍摄，可用于展现人物富有亲和力的一面，常用于表现年轻的女性。俯拍时人物的面部距离相机最近，处于最显眼的位置，能突出人物面部。当使用短焦距俯拍时人物的头部会变大、腿部会变小，相机距离人物越近变形越厉害，拍摄者应注意把握好变形的度，如图 1-17 所示。

图 1-16 侧面角度拍摄　　　　　　图 1-17 俯拍突出人物面部

STEP 05 平角度取景构图更平稳：平角度是与人们的视角最接近的角度，平角度取景的画面给人平稳、自然、亲切的感觉，它不易使画面变形，使人物比例还原真实。平角度区取景最容易捕捉倒人物的目光，使画面产生交流感，使人物的情感表达更直接。由于平角度是人们习惯的视角，所以平角度取景容易给人平淡的感觉，视觉冲击力不大，如图 1-18 所示。

STEP 06 仰拍表现高挑修长的身材：仰拍从较低位置拍摄，画面容易发生变形，焦距越短，距离被摄体越近，变形越明显。利用这种变形可增加人物腿的长度，使身材显得修长、高大。同样拍摄者也可利用仰拍角增加画面的新鲜

图 1-18 平角度取景构图　　　图 1-19 仰拍人物

感，使画面呈现出独特的效果，展现出人物的端庄、高贵的感觉，如图 1-19 所示。

004. 高调与低调效果的人像表现

由于光线、人物主体的服饰以及背景颜色等不同因素的作用，人像摄影照片会呈现出不同的影调。影调是指画面色彩再现的深浅，分为高调、中间调和低调，不同的影调使画面展现出不同的感觉，适用于不同题材的人像。

　　高调人像画面明亮：高调影像由大面积亮度高、饱和度低的色彩构成，给人以轻盈、淡雅、纯洁、静美、清秀等感觉，所有高调人像常用于表现儿童和女性。高调影像惜黑如金，在画面中除了人物的头发几乎没有更多深色或暗色的部分。同样拍摄者也不能让画面中没有一点暗色，因为深色在画面中起着稳定画面重心的作用，如图 1-20 所示。

　　低调突出深沉的人物形象：低调影像与高调影像相对应，画面由大面积亮度低、饱和度高的色彩构成，给人以厚重、庄严、肃穆、另类、坚强、固执、含蓄等感觉。低调影像多用于表现成熟的男性和充满个性的女性，拍摄低调影像时应注意保留较少面积的浅色，这样可避免画面拥堵，使画面空间感更强，如图 1-21 所示。

　　中间调人像摄影：中间调的人像既不倾向于明亮，也不倾向于深暗，而是给人一种最自然的视觉感受，通常情况下，拍摄的人像照片都属于这种影调，如图 1-22 所示。

图 1-20　高调图像　　　　　　　　图 1-21　低调图像　　　图 1-22　中间调人像

　　👤 技巧：拍摄低调人像要注意，低调影像深色较多，所以应让人物穿着深色衣服并选择深色背景。低调影像应控制光线的照射面积，前侧光、测光或逆光可让许多画面元素藏在阴影之中。拍摄者需明确，低调影像不是曝光不足的画面，而是由于特殊的画面色彩与明暗关系而产生的，需要准确曝光。

1.2 图像处理基础知识

在学习 Photoshop CC 进行人像精修处理之前，要先了解与人像精修息息相关的图像处理基础知识，只有了解了这些基础知识，在进行处理时才能更加了解自己的人像照片。本小节主要讲解像素与分辨率的关系、查看直方图、常见的文件格式等知识，通过这些基础知识的讲解，让大家更加了解 Photoshop CC 的全面性。

005. 像素与分辨率

像素与分辨率是两个密不可分的重要概念，它们的组合方式决定了图像的数据量。Photoshop CC 新增的"图像大小"命令，可以在放大图像的同时更好地保留了图像的细节部分，将低分辨率的影像放大，使其拥有优质的印刷效果，或从尺寸较大的影像开始作业，将其扩大成海报或广告广告牌的大小。

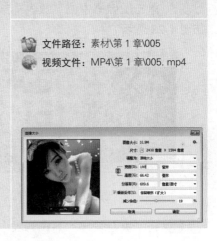

文件路径：素材\第 1 章\005

视频文件：MP4\第 1 章\005. mp4

STEP 01 启 动 Photoshop CC 程序后，执行 "文件"|"打开"命令，弹出"打开"对话框，选择本书配套光盘中 "第 1 章 \1.2\005\005.jpg

图 1-23 打开文件

图 1-24 "图像大小"对话框

"文件，单击"打开"按钮，如图 1-23 所示。执行"图像"|"图像大小"命令，或按 Ctrl+Alt+I 组合键，打开"图像大小"对话框，如图 1-24 所示。

STEP 02 在弹出的"图像大小"对话框中设置"分辨率"为 72 像素/英寸，单击"确定"按钮，此时图像效果如图 1-25 所示。

STEP 03 按 Ctrl+Z 组合键，撤销上一步操作。按 Alt+Ctrl+I 组合键，打开"图像大小"对话框，在对话框中设置"宽度"1 厘米，此时图像效果如图 1-26 所示。

图 1-25　设置分辨率　　　　　　　　　　　　　图 1-26　设置宽度

STEP 04 按 Ctrl+Z 组合键，对上一步操作撤销。按 Alt+Ctrl+I 组合键或（按 Alt+I+I 组合键），打开"图像大小"对话框，在弹出的对话框中更改"宽度"数值，此时图像效果如图 1-27 所示。

STEP 05 单击图像框中的"放大"按钮，将图像进行放大，此时发现人物脸上有比较多的杂色，如图 1-28 所示。

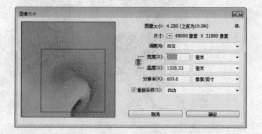

图 1-27　设置宽度　　　　　　　　　　　　　　图 1-28　放大图像

STEP 06 在"重新采样"下拉列表中，选择"保留细节（扩大）"选项，拖动"减少杂色"的滑块，可以减少人物脸上的杂色，让图像在放大的同时最大保留了图像的细节部分，效果如图 1-29 所示。单击"确定"按钮，关闭对话框，此时图像效果如图 1-30 所示。

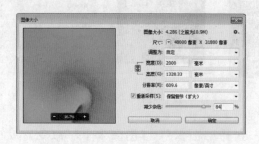

图 1-29　"保留细节（扩大）"对话框　　　　　　图 1-30　最终效果

006. 颜色模式

　　丰富多彩的颜色是大千世界的重要组成部分，是人类视觉系统对可见光的感知结果。图像是由颜色组成的，在图像的处理过程中，色彩的调整是一个很重要的环节。常见的颜色模式包括 RGB 模式、CMYK 模式、Lab 模式、灰度模式和双色模式等，它们对图像颜色的记录方式是不同的，其色域也不同。

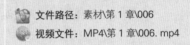
文件路径：素材\第 1 章\006
视频文件：MP4\第 1 章\006. mp4

STEP 01 启动 Photoshop CC 程序后，执行"文件"|"打开"命令，弹出"打开"对话框，选择本书配套光盘中"第 1 章\1.2\006\小孩.psd"文件，单击"打开"按钮，如图 1-31 所示。

STEP 02 执行"图像"|"模式"|"RGB 颜色"命令，如图 1-32 所示。

STEP 03 执行操作后，即可将图像转换为 RGB 图像模式，如图 1-33 所示。

图 1-31　打开文件　　　　图 1-32　"RGB 颜色"命令　　　　图 1-33　RGB 图像模式

STEP 04 执行"文件"|"打开"命令，弹出"打开"对话框，选择本书配套光盘中"第 1 章\1.2\006\\人物.jpg"文件，单击"打开"按钮，如图 1-34 所示。

STEP 05 执行"图像"|"模式"|"CMYK 颜色"命令，如图 1-35 所示。

图 1-34 打开文件

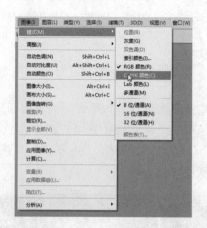

图 1-35 "CMYK 颜色"命令

技巧：RGB 模式是通过对红（R）、绿（G）、蓝（B）3 个颜色通道的变化以及它们相互之间的叠加来得到各式各样的颜色。在自然界中肉眼所能看到的任何色彩都可以由这 3 种颜色混合叠加而成。RGB 颜色模式具有表现更过色彩的能力，使画面更加的细腻逼真。

STEP 06 弹出相应信息提示框，提示用户是否执行转换操作，如图 1-36 所示。

STEP 07 单击"确定"按钮，即可将图像转换为 CMYK 图像模式，如图 1-37 所示。

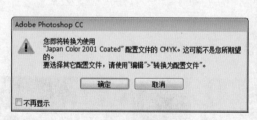

图 1-36 提示对话框

图 1-37 CMYK 图像模式

技巧：CMYK 颜色模式是打印机所采用的模式，是一种依靠反光的色彩模式，4 个字母分别代表青、洋红、黄与黑，在印刷中代表 4 种颜色的油墨。CMYK 模式没有 RGB 模式的色域宽广，如果图像是 RGB 模式的，色彩会鲜艳明亮，但将图像转换成 CMYK 模式时，有很多鲜艳的色彩就丢失了，图片会变得暗淡，这就说明其中部分颜色超出了 CMYK 模式的色域范围。

STEP 08 执行"文件"|"打开"命令，弹出"打开"对话框，选择本书配套光盘中"第 1 章 \1.2\006\\女孩.jpg"文件，单击"打开"按钮，如图 1-38 所示。

STEP 09 执行"图像"|"模式"|"灰度"命令,如图 1-39 所示。

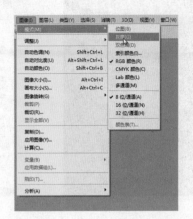

图 1-38　打开文件　　　　　　　　　　　　　　图 1-39　"灰度"命令

STEP 10 弹出相应信息提示框,提示用户是否扔掉颜色信息,如图 1-40 所示。

STEP 11 单击"扔掉"按钮,即可将图像转换为灰度图像模式,如图 1-41 所示。

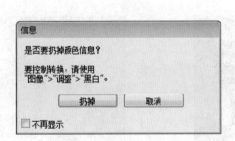

图 1-40　提示对话框　　　　　　　　　　　　　图 1-41　灰度图像模式

技巧: 灰度模式中只有黑、白、灰 3 种颜色而没有彩色,是一种单一色调的图像,也就是所谓的黑白图像,亮度是唯一影响灰度图像的要素。灰度图像使用 256 个不同级别的灰度来表现图像,使图像的过度更平滑细腻。

STEP 12 执行"文件"|"打开"命令,弹出"打开"对话框,选择本书配套光盘中"第 1 章\1.2\006\\稻田女孩.jpg"文件,单击"打开"按钮,如图 1-42 所示。

STEP 13 执行"图像"|"模式"|"Lab 颜色"命令,如图 1-43 所示。

STEP 14 执行操作后,即可将图像转换为 Lab 图像模式。切换至"通道"面板,选择"a"通道,按 Ctrl+A 组合键将图像全选,按 Ctrl+C 组合键复制选区内的图像,如图 1-44 所示。

技巧: Lab 色彩模式是由亮度和有关色彩的 a、b3 个要素组成,其中 a 表示从洋红色至绿色的范围,b 表示从黄色纸蓝色的范围。Lab 色彩模式的色域很宽广,它不仅包含了 RGB 颜色模式与 CMYK 颜色模式的所有的色域,还能表现它们不能表现的色彩,人的肉眼所能感知的色彩,都能通过 Lab 颜色模式表现出来。

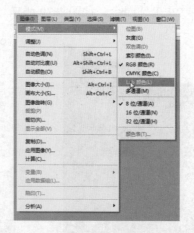

图 1-42　打开文件　　　　　图 1-43　"Lab 颜色"命令　　　　图 1-44　全选图像

STEP 15 选择通道面板中的"b"通道，按 Ctrl+V 组合键将复制的图像粘贴到"b 通道"中，切换至"Lab 通道"模式，此时图像效果如图 1-45 所示。

STEP 16 执行"文件"|"打开"命令，弹出"打开"对话框，选择本书配套光盘中"第 1 章\1.2\006\\人物素材.jpg"文件，单击"打开"按钮，如图 1-46 所示。

STEP 17 执行"图像"|"模式"|"灰度"命令，将该图像转换为灰度颜色模式，如图 1-47 所示。

图 1-45　粘贴图像　　　　　图 1-46　打开文件　　　　　图 1-47　灰度颜色模式

STEP 18 执行"图像"|"模式"|"双色调"命令，如图 1-48 所示。

STEP 19 在弹出的"双色调选项"对话框"预设"下拉列表中选择所需要的颜色模式，或是在"类型"下拉列表中选择颜色色调进行调整，能将图像调整为双色调，如图 1-49 所示。

STEP 20 单击"确定"按钮，关闭对话框，此时图像效果如图 1-50 所示。

技 巧：双色调模式是由灰度模式发展而来的，它采用少量的彩色油墨来创建双色调、三色调和四色调的图像，以丰富颜色的层次，从而减少印刷的成品。在将灰度图像转换为双色调模式的过程中，可以对色调进行编辑，产生特殊的效果。

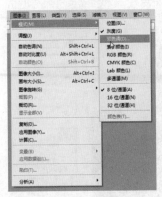 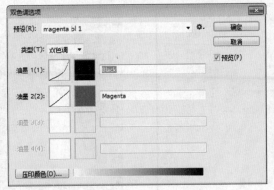 

图 1-48　"双色调"命令　　　　　图 1-49　"双色调选项"对话框　　　　图 1-50　最终效果

007. 常见的文件格式

　　当完成人像精修操作时，要对图像文件进行存储，以便再打开修改或是调到其他的图像软件中，所以图像的格式选取非常重要。Photoshop CC 支持多种图像格式，在存储图像时必须合理选择。

　　JPEG 格式：这是一种使用频率最高的图像文件格式。JPG 格式的优点是压缩性强，对色彩信息保留较好；一般使用数码相机拍摄的照片都是 JPG 格式，当在 Photoshop CC 中完成了图像的编辑以后，需要保持为 JPG 格式时，会出现 "JPEG" 对话框，提供了 0 ~ 12 级的品质，其中 12 级压缩最小，品质最好，如图 1-51 所示。

　　Photoshop 格式：PDD、PSD 格式是 Photoshop CC 专用的文件格式，也是在 Photoshop 中新建文档时默认的存储文件类型。这种文件格式不仅支持所有颜色模式，还能将调整图层、参考线以及 Alpha 通道等属性一起存储，如图 1-52 所示。

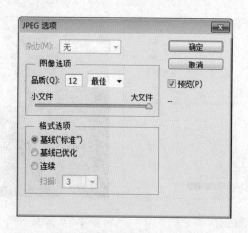

图 1-51　"JPEG 选项"对话框　　　　　　　　图 1-52　PSD 格式文件

　　PNG 格式：PNG 是作为 GIF 的无专利替代产品而开发的，用于无损压缩和在 Web 上显示图层。PNG 格式格式一般应用于 Java 程序，或网页、s60 程序中，如图 1-53 所示。

　　TIFF 格式：标签图像文件格式(Tagged Image File Format，简写为 TIFF)是一种主要用来存储包括照片和艺术图在内的图像的文件格式，几乎所有的绘画、图像编辑和页面排版的应用程序都支持这种格式，在存储时，不仅可以选择应用的平台，还可以选择不同的压缩传输方式，如图 1-54 所示。

　　GIF 格式：GIF 格式只能存储 256 种颜色级别的 RGB 颜色，文件容量比其他格式小。适用于图片网络上的传输。一个 GIF 文件还可以包含多幅彩。

图 1-53　PNG 格式文件　　　　　　　　图 1-54　TIFF 格式文件

008. 直方图

　　Photoshop 的直方图用图形表示了图像的每个亮度级别的像素数量，展现了像素在图像中分布情况。通过观察直方图，可以判断出照片的阴影、中间调和高光中包含的细节是否足够，以便对其做出正确的调整。

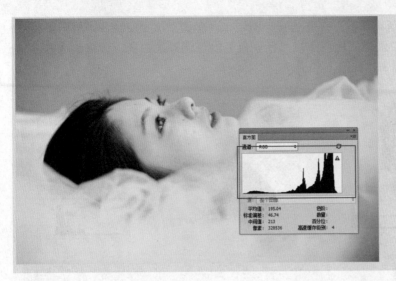

文件路径：素材\第 1 章\008
视频文件：MP4\第 1 章\008.mp4

STEP 01 无论是在拍摄时使用相机中的直方图评价曝光，还是使用 Photoshop 后期调整照片的影调，首先要能够看到直方图。在直方图中，左侧代表了图像的阴影区域，中间代表了中间调，右侧代表了高光区域。直方图中的山脉代表了图像的数据，山峰则代表了数据的分布方式，较高的山峰表示该区域所包含的像素较多，较低的山峰则表示该区域所包含的像素较少，如图 1-55 所示。

STEP 02 执行"文件"|"打开"命令，弹出"打开"对话框，选择本书配套光盘中"第 1 章 \1.2\人物素材.jpg"文件，单击"打开"按钮，打开一张曝光准确的照片，如图 1-56 所示。曝光准确的照片色调均匀，明暗层次丰富，亮部分不会丢失细节，暗部分也不会漆黑一片。从直方图中可以看到，山峰基本在中心，并且从左（色阶 0）到右（色阶 255）每个色阶都有像素的分布。

STEP 03 曝光不足的照片，画面色调非常暗，在它的直方图中，山峰分布在直方图的左则，中间调和高光都缺少像素，如图 1-57 所示。

图 1-55　直方图

图 1-56　曝光准确直方图

图 1-57　曝光不足直方图

STEP 04 曝光过度的照片，画面色调较亮，人物的皮肤、衣服等高光区域都失去了层次，在它的直方图中，山峰整体都向右偏移，阴影缺少像素，如图 1-58 所示。

STEP 05 反差过小的照片，照片灰蒙蒙的。在它的直方图中，两个端点出现空缺，说明阴影和高光区域缺少必要的像素，图像中最暗的色调不是黑色，最亮的色调不是白色，该暗的地方没有暗下去，该亮的地方也没有亮起来，如图 1-59 所示。

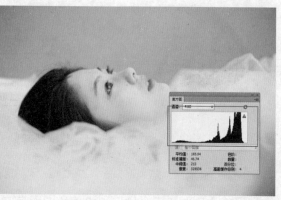

图 1-58　曝光过度直方图　　　　　　　　　　图 1-59　反差过小直方图

STEP 06 暗部缺失的照片，头发的暗部漆黑一片，没有层次，也看不到细节。在直方图中我们可以看到一部分山峰紧贴直方图的左侧，它们就是全黑的部分，如图 1-60 所示。

STEP 07 高光溢出的照片，一幅高光部分完全变成了白色，没有任何层次，在直方图中我们可以看到一部分山峰紧贴直方图的右端，它们就是全白的部分（色阶 255），如图 1-61 所示。

图 1-60　暗部缺失直方图　　　　　　　　　　图 1-61　高光溢出直方图

▶ 人像精修常用的修复工具
▶ 人像精修常用的美化工具
▶ 人像精修常用的编辑工具
▶ 照片高级处理工具——新增 Camera Raw 滤镜

第 2 章
跃跃欲试——人像精修必备工具

　　在传统的摄影中，照片处理总是离不开暗房这一环节，而用电脑对数码照片或扫描的照片进行后期处理时，可以轻松地完成传统拍摄需要花费大量人力和物力才能够实现的后期工作，使摄影从暗房中解放出来。Photoshop CC 提供了大量专业的照片修复工具，包括仿制图章、污点修复、减淡、加深、Camera Raw 滤镜等工具，它们可以快速修复图像中的污渍和瑕疵。

2.1 人像精修常用的修复工具

摄影中以人物为主体的摄影作品很多，这类作品中人物的美观程度也就直接影响了照片的效果，其本身以及在拍摄过程中或多或少都会出现一些瑕疵，在后期处理就需要利用各种修复工具修复照片缺陷和瑕疵，修饰出更完美的人像照片，本小节就主要针对这些修复工具进行全面的讲解。

009. 污点修复画笔工具——去除痘印

"污点修复画笔"工具 可以快速去除照片中的污点、划痕和其他不理想的部分。它与修复画笔的工作方式类似，也是使用图像或图案中的样本像素进行绘画，并将样本像素的纹理、光照、透明度和阴影所修复的像素相匹配。但修复画笔要求制定样本，而污点修复画笔可以自动从修饰区域的周围取样。

文件路径：素材\第 2 章\009
视频文件：MP4\第 2 章\009. mp4

STEP 01 启动 Photoshop CC 程序后，执行"文件"|"打开"命令，弹出"打开"对话框，选择本书配套光盘中"第 2 章\2.1\09\09.jpg"文件，单击"打开"按钮，如图 2-1 所示。

STEP 02 按 Ctrl+J 组合键，在"图层"面板中复制"背景"图层，得到"图层 1"。选择工具箱中的"污点修复画笔"工具 ，在

图 2-1 打开文件

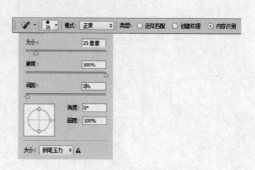

图 2-2 "污点修复画笔"参数

工具选项栏中选择一个柔角笔尖，将"类型"设置为"内容识别"，如图 2-2 所示。

STEP 03 按 Ctrl++组合键放大图像，将光标放在额头痘印上，如图 2-3 所示；单击并拖动鼠标可将痘印区域选中，如图 2-4 所示。放开鼠标，即可将痘印清除，如图 2-5 所示。

图 2-3　放置位置

图 2-4　选中痘印

STEP 04 采用同样方法修复人物脸上的痘印，如图 2-6 所示。

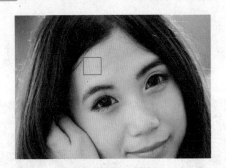

图 2-5　清除痘印

图 2-6　最终效果

010. 修复画笔工具——去除水印

　　"修复画笔"工具 🖊 利用图像或图案中的样本像素进行绘画，但该工具可以从被修饰区域的周围取样，并将样本的纹理、光照、透明度和阴影等与所修复的像素匹配，从而去除照片中的污点和划痕，修复瑕疵。

文件路径：素材\第 2 章\010

视频文件：MP4\第 2 章\010. mp4

STEP 01 启动 Photoshop CC 程序后，执行"文件"|"打开"命令，弹出"打开"对话框，选择本书配套光盘中"第 2 章\2.1\010\010.jpg"文件，单击"打开"按钮，如图 2-7 所示。

STEP 02 按 Ctrl+J 组合键，在"图层"面板中复制"背景"图层，得到"图层 1"。选择工具箱中的"修复画笔"工具 ✐，在工具选项栏中选择一个柔角笔尖，在"模式"下拉列表中选择"正常"，将"源"设置为"取样"，如图 2-8 所示。

图 2-7 打开文件

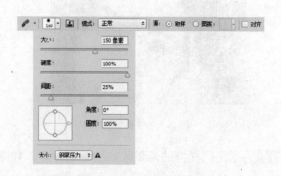

图 2-8 "修复画笔"参数

STEP 03 按 Ctrl++组合键放大图像，将光标放在没有水印的背景上，按住 Alt 键单击并进行取样，如图 2-9 所示。

图 2-9 取样

图 2-10 选中水印

图 2-11 清除水印

STEP 04 放开 Alt 键，在水印处单击并拖动鼠标选中水印区域，如图 2-10 所示。

STEP 05 释放鼠标后，即可清除水印区域，如图 2-11 所示。

STEP 06 按住 Alt 键在水印周围没有水印的背景上单击取样，修复背景上的水印，如图 2-12 所示。

图 2-12 最终效果

011. 修补工具——去除日期

"修补"工具 ◉ 与修复画笔工具类似,它也可以用其他区域或图案中的像素来修复选中的区域,并将样本像素的纹理、光照和阴影与源像素进行匹配。该工具的特别之处是需要用选区来定位修补范围。

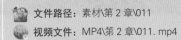

文件路径：素材\第 2 章\011

视频文件：MP4\第 2 章\011.mp4

STEP 01 启动 Photoshop CC 程序后,执行"文件"|"打开"命令,弹出"打开"对话框,选择本书配套光盘中"第 2 章\2.1\011\011.jpg"文件,单击"打开"按钮,如图 2-13 所示。

STEP 02 按 Ctrl+J 组合键,在"图层"面板中复制"背景"图层,得到"图层 1"。选择工具箱中的"修补"工具 ◉ ,在工具选项栏中设置"修补"为"源",在画面中单击并拖动鼠标创建选区,如图 2-14 所示。

图 2-13　打开文件

图 2-14　创建选区

STEP 03 将光标放在选区内,单击并向左上侧拖动复制图像,如图 2-15 所示。

STEP 04 按 Ctrl+D 取消选区。同上述操作方法,修复破损痕迹区域,效果如图 2-16 所示。

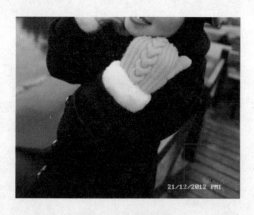

21/12/2012 PM1

图 2-15　复制图像　　　　　　　　　　　　　图 2-16　最终效果

012. 仿制图章工具——修复破损痕迹

"仿制图章"工具 📷 可以从图像中复制信息，将其应用到其他区域或其他图像中。该工具常用于复制图像内容或去除照片中的缺陷。

文件路径：素材\第 2 章\012

视频文件：MP4\第 2 章\012. mp4

STEP 01 启动 Photoshop CC 程序后，执行"文件"|"打开"命令，弹出"打开"对话框，选择本书配套光盘中"第 2 章\2.1\012\012.jpg"文件，单击"打开"按钮，如图 2-17 所示。

STEP 02 按 Ctrl+J 组合键，复制"背景"图层，得到"图层 1"，如图 2-18 所示。

STEP 03 选择工具箱中的"仿制图章"工具 📷，在工具选项中选择一个柔边圆笔尖。按 Ctrl++ 组合键，将光标放在画面的纸盒上，效果如图 2-19 所示。

图 2-17 打开文件   图 2-18 复制图像   图 2-19 选中区域

STEP 04 按住 **Alt** 键单击进行取样，然后放开 **Alt** 键在破损痕迹上涂抹，将破损遮盖住，如图 2-20 所示。

STEP 05 为了避免复制的纸盒出现重复，可在其他位置的纸盒上进行取样，然后继续涂抹，将多余的破损全部覆盖，如图 2-21、图 2-22 所示分别为不同区域取样遮盖图像。

图 2-20 取样图像   图 2-21 修复图像   图 2-22 最终效果

> **技巧**：使用仿制图章时，按住 Alt 键在图像中单击，定义要复制的内容（称为：取样），然后将光标放在其他位置，放开 Alt 键拖动鼠标涂抹，即可将复制的图像应用到当前位置。与此同时，画面中会出现一个圆形光标和一个十字形光标，圆形光标是我们正在涂抹的区域，而该区域的内容则是从十字形光标所在位置的图像上复制的。在操作时，两个光标始终保持相同的距离，只要观察十字形光标的位置，便知道将要涂抹出什么样的图像内容了。

013. 红眼工具——红眼快走

使用闪光灯在光线昏暗处进行人物拍摄，拍出的照片人物眼睛容易泛红，这种现象即常说的红眼现象。这是由于在过暗的地方，人眼为了看清楚东西，放大瞳孔增大通光量，在瞬间高亮的状态下，相机拍到的通常都是张大的瞳孔，红色是瞳孔内血液映出的颜色。

文件路径：素材\第 2 章\013
视频文件：MP4\第 2 章\013. mp4

STEP 01 启动 Photoshop CC 程序后，执行"文件"|"打开"命令，弹出"打开"对话框，选择本书配套光盘中"第 2 章\2.1\013\013.jpg"文件，单击"打开"按钮，如图 2-23 所示。

STEP 02 按 Ctrl+J 组合键，复制"背景"图层，得到"图层 1"，如图 2-24 所示。

图 2-23　打开文件　　　　　　　　　　　　图 2-24　复制图像

STEP 03 按 Ctrl++组合键，放大图像。选择工具箱中的"红眼"工具，将光标放在红眼区域上，如图 2-25 所示，单击即可校正红眼，如图 2-26 所示。

图 2-25　选中区域　　　　　　　　　　　　图 2-26　去除红眼

STEP 04 另一只眼睛也采用同样的方法校正，如图 2-27 所示。

STEP 05 如果对结果不满意，可执行"编辑"|"后退一步"命令，或按 Ctrl+Alt+Z 组合键还原图像，再更改"瞳孔大小"和"变暗量"数值去除红眼，如图 2-28 所示。

图 2-27　去除红眼　　　　　　　　　　　　　　图 2-28　最终效果

014. 内容识别——快速还原残缺照片

　　内容识别填充功能是从 Photoshop CS5 就新增的功能，在 Photoshop CC 中也继续保留着。使用该功能可以帮助我们在画面上轻松地改变或创建对象。利用内容识别填充功能，可以对变形图像进行处理，也可以对图像进行修改、填充、移动或删除，应用智能化的感应进行识别填充。

文件路径：　素材\第 2 章\014

视频文件：　MP4\第 2 章\014 mp4

STEP 01 启动 Photoshop CC 程序后，执行"文件"|"打开"命令，弹出"打开"对话框，选择本书配套光盘中"第 2 章\2.1\014\014.png"文件，单击"打开"按钮，如图 2-29 所示。

STEP 02 选择工具箱中的"魔棒"工具，在图像透明区域单击，快速创建选区，如图 2-30 所示。

图 2-29　打开文件

图 2-30　选中透明区域

STEP03 执行"编辑"|"填充"命令，在弹出的对话框中设置相关参数，如图 2-31 所示。

STEP04 单击"确定"按钮，关闭对话框，Photoshop 系统会自动根据周围的图像进行感应识别，如图 2-32 所示。

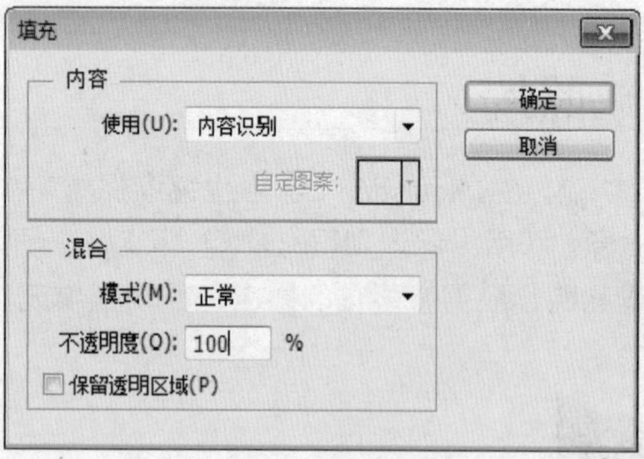

图 2-31　"填充"对话框

图 2-32　内容识别效果

STEP05 按 Ctrl++组合键放大图像，此时可以发现还有部分残缺图像没有被识别，如图 2-33 所示。

STEP06 选择工具箱中的"污点修复画笔"工具，将部分残缺图像进行修复，如图 2-34 所示。

图 2-33　修复部分瑕疵

图 2-34　最终效果

2.2 人像精修常用的美化工具

在 Photoshop CC 中经常会使用一些工具来对人像进行修饰美化。颜色替换工具、画笔工具、减淡工具、加深工具则是人像美化的常客，本小节主要针对这些工具的特点，来讲解它们在人像美化中的作用。

015. 颜色替换工具——变装

"颜色替换"工具 可以用前景色替换图像中的颜色。但该工具不能用于位图、索引或多通道颜色模式的图像。

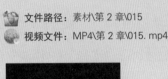

文件路径：素材\第 2 章\015

视频文件：MP4\第 2 章\015. mp4

STEP 01 启动 Photoshop CC 程序后，执行"文件"|"打开"命令，弹出"打开"对话框，选择本书配套光盘中"第 2 章 \2.2\015\015.jpg"文件，单击"打开"按钮，如图 2-35 所示。在"颜色"面板中调整前景色，如图 2-36 所示。

STEP 02 选择工具箱中的"颜色替换"工具 ，在工具选项栏中选择一个柔角笔尖并按下连续按钮 ，将"模式"设置为"颜色""限制"设置为"连续""容差"设置为 30，如图 2-37 所示。

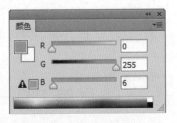

图 2-35　打开文件　　　　图 2-36　"颜色"面板

STEP 03 在人物身上涂抹，替换衣服颜色，如图 2-38 所示。

STEP 04 在操作时过程中，如果光标中心的十字线碰到衣服以外的图像，也会替换为前景色。选择工具箱中的"钢笔"工具 ，对人物的衣服进行抠选，按 Ctrl+Enter 组合键将路径转换为选区，如图 2-39 所示。

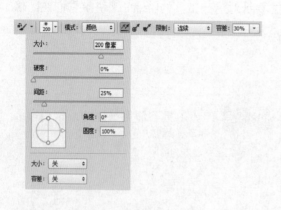

图 2-37 "颜色替换"参数   图 2-38 替换衣服颜色   图 2-39 创建选区

STEP 05 执行"选择"|"修改"|"平滑"命令，在弹出的对话框设置相关参数，如图 2-40 所示。

STEP 06 选择工具箱中的"颜色替换"工具 ，在选区内涂抹，更改衣服颜色，如图 2-41 所示。

STEP 07 按 Ctrl+D 组合键，取消选区，此时图像效果如图 2-42 所示。

图 2-40 平滑选区   图 2-41 替换衣服   图 2-42 最终效果

016. 画笔工具——为黑白照片上色

　　"画笔"工具可在图像中任意位置涂抹前景色，达到添加颜色的效果，在人像处理中常用语局部妆容色彩的修饰，为人物添加自然的彩妆效果。

文件路径：素材\第 2 章\016
视频文件：MP4\第 2 章\016. mp4

STEP 01 启动 Photoshop CC 程序后，执行"文件"|"打开"命令，弹出"打开"对话框，选择本书配套光盘中"第 2 章\2.2\016\016.jpg"文件，单击"打开"按钮，如图 2-43 所示。

STEP 02 按 Ctrl+J 组合键复制图层，得到"图层 1"。选择工具箱中的"画笔"工具，在工具选项栏中选择一个柔边笔尖，设置"模式"为"颜色"，如图 2-44 所示的效果。

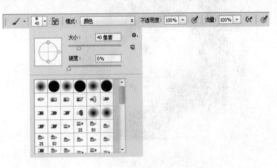

图 2-43　打开文件　　　　　　　　　　　图 2-44　"画笔"参数

STEP 03 选择图层面板下的"创建新图层"按钮，新建图层，更改图层混合模式为"颜色"，设置前景色为棕色（#907e70），在人物的头发涂抹，为头发进行上色处理，如图 2-45 所示。

STEP 04 按 Ctrl+Shift+N 组合键，创建新图层，更改图层混合模式为"颜色"。设置前景色为土黄色（#f1decf），在人物脸上涂抹，为人物皮肤上色，如图 2-46 所示。

图 2-45　为头发上色　　　　　　　　　　图 2-46　涂抹肤色

STEP 05 同上述操作方法，依次为人物的嘴唇、眉毛及眼睛进行上色处理，效果如图 2-47 所示。

STEP 06 创建新图层，选择"画笔"工具 ✐，设置前景色为粉红色（#fe9a9f），设置工具选项栏中的"画笔"大小为 150，硬度为 0，在人物的脸颊上绘制腮红，如图 2-48 所示。

图 2-47 为五官上色

图 2-48 画笔涂抹

STEP 07 设置该图层混合模式为"颜色"。选择工具箱中的"橡皮擦"工具 ✐，将多余的腮红擦除，保留脸部上的腮红区域，如图 2-49 所示。

STEP 08 同上述操作方法，依次为人物添加眼影，如图 2-50 所示。

图 2-49 涂抹腮红

图 2-50 涂抹眼影

STEP 09 选择图层面板下的"创建新的填充或调整图层"按钮 ◔，创建"色阶"调整图层，调整各个滑块，加深人物的对比度，如图 2-51 所示。

STEP 10 创建新图层，选择"画笔"工具 ✐，设置前景色为棕色（#210a00），在工具选项栏中设置适当的画笔大小，不透明度值和流量值，在人物眉毛上涂抹，更改混合模式为"颜色"，得到最终的效果如图 2-52 所示。

图 2-51 "色阶"调整图层

图 2-52 最终效果

017. 减淡工具——提亮肤色

使用"减淡"工具 能够表现图像中的高亮度效果，从而使得图像呈现特定区域的曝光度，让图像该区域协调地变亮。

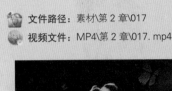

文件路径：素材\第 2 章\017

视频文件：MP4\第 2 章\017.mp4

STEP 01 启动 Photoshop CC 程序后，执行"文件"|"打开"命令，弹出"打开"对话框，选择本书配套光盘中"第 2 章\2.2\017\017.jpg"文件，单击"打开"按钮，如图 2-53 所示。

STEP 02 按 Ctrl+J 组合键复制图层，得到"图层 1"。选择工具箱中的"减淡"工具 ，在工具选项栏中选择一个柔边笔尖，设置"范围"为"中间值""曝光度"为 50%，如图 2-54 所示。

STEP 03 将光标放在高光区域，拖动光标涂抹，提亮图像部分高光区域，如图 2-55 所示。

图 2-53 打开文件

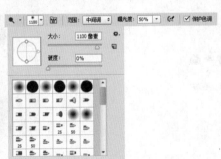

图 2-54 "减淡"工具参数

图 2-55 最终效果

018. 加深工具——局部变暗处理

使用"加深"工具 可以改变图像特定区域的曝光度，从而使得图像呈加深或变暗显示。使用该工具在图像中涂抹会使图像中的亮度降低，以表现出图像中的阴影效果。

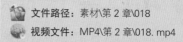
文件路径：素材\第 2 章\018
视频文件：MP4\第 2 章\018. mp4

STEP 01 启动 Photoshop CC 程序后，执行"文件"|"打开"命令，弹出"打开"对话框，选择本书配套光盘中"第 2 章\2.2\018\018.jpg"文件，单击"打开"按钮，如图 2-56 所示。

STEP 02 按 Ctrl+J 组合键复制图层，得到"图层 1"。选择工具箱中的"加深"工具 ，在工具选项栏中选择一个柔边圆笔尖，设置"范围"为"中间值"，"曝光度"为 50%，如图 2-57 所示。

STEP 03 在人物的头部及周围背景上反复涂抹，加深该区域图像的影调，如图 2-58 所示。

STEP 04 在工具选项栏中更改"曝光度"为 30%,在人物的脸部进行涂抹，加深脸部的影调，如图 2-59 所示。

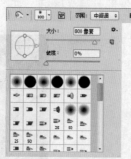

图 2-56 打开文件　　图 2-57 "加深"工具参数　　图 2-58 涂抹头发　图 2-59 最终效果

2.3 人像精修常用的编辑工具

在修复照片瑕疵和美化人像的过程中，往往会应用到一些编辑工具进行辅助处理，但使用之前需要对这些编辑工具有深刻的了解，本小节主要讲解在人像精修中常用的编辑工具有哪些，它们在人像中又有哪些用途。

019. 规则的选框工具——添加腮红

在 Photoshop CC 中，规则的选框工具包括矩形选框工具、椭圆选框工具、单行选框工具和单列选框工具，它们能够简单而快捷的创建规则形状的选区。

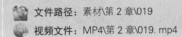

文件路径：素材\第 2 章\019
视频文件：MP4\第 2 章\019. mp4

STEP 01 启动 Photoshop CC 程序后，执行"文件"|"打开"命令，弹出"打开"对话框，选择本书配套光盘中"第 2 章\2.3\019\019.jpg"文件，单击"打开"按钮，如图 2-60 所示。

STEP 02 按 Ctrl+J 组合键复制图层，得到"图层 1"。选择工具箱中的"椭圆选框"工具 ，在工具选项栏按下"添加到选区"按钮，设置"羽化"为 100 像素，将光标放置在人物脸部单击并进行拖拽，创建椭圆形的选区，如图 2-61 所示。

图 2-60　打开文件

图 2-61　创建选区

STEP 03 选择图层面板下的"创建新图层"按钮 ，新建图层。设置前景色为橙黄色（#fabc00），选择工具箱中的"油漆桶"工具 ，在选区内单击，为选区填充颜色，如图 2-62 所示。

STEP 04 设置混合模式为"颜色加深"、不透明度为 50%，按 Ctrl+D 组合键取消选区。选择工具箱中的"橡皮擦"工具 ，适当降低其不透明度，在腮红出涂抹，均匀腮红，如图 2-63 所示。

图 2-62　填充颜色　　　　　　　　　　图 2-63　设置混合模式

020. 套索工具——修复人像边缘

套索工具 ρ 可以在图像编辑中创建任意形状的选区，通常用来创建不太精确的不规则图像选区。在人像精修中，往往可以处理边缘有瑕疵的人像。

🖼 文件路径：素材\第 2 章\020

🎬 视频文件：MP4\第 2 章\020.mp4

STEP 01 启动 Photoshop CC 程序后，执行"文件"|"打开"命令，弹出"打开"对话框，选择本书配套光盘中"第 2 章\2.3\020\020.jpg"文件，单击"打开"按钮，如图 2-64 所示。

STEP 02 按 Ctrl+J 组合键复制图层，得到"图层 1"。选择工具箱中的"套索"工具 ρ，在人物红裙瑕疵上创建选区，如图 2-65 所示。

图 2-64　打开文件　　　　　图 2-65　创建选区

STEP 03 按 Shift+F6 组合键羽化 10 像素。将光标放在选区内，当光标变为 ▸ 时，拖动选区到完好的红裙区域，如图 2-66 所示。按住 Ctrl+Alt 组合键的同时拖动鼠标，将选区内的内容复制到有瑕疵的地方，如图 2-67 所示。

图 2-66　拖动选区

图 2-67　修复瑕疵

STEP 04 按 Ctrl+T 组合键显示定界框，将光标放在定界框外靠近中间位置的控制点出，当光标变为 ↻ 状时，单击并拖动鼠标可以旋转对象，如图 2-68 所示。

STEP 05 将光标放在选区内，当光标变为 ▸ 状时，可以拖动选区内的图像，如图 2-69 所示。

图 2-68　旋转图像

图 2-69　移动图像

STEP 06 单击回车键，确认该操作。按 Ctrl+D 组合键取消选区，此时图像效果如图 2-70 所示。

STEP 07 同上述操作，修复人像红裙上的瑕疵，如图 2-71 所示。

图 2-70　修复瑕疵

图 2-71　最终效果

021. 图像大小——无损放大图像

　　"图像大小"命令是 Photoshop CC 中的新增功能，在放大图像的同时更好地保留了图像的细节部分。本实例主要讲解 Photoshop CC 新增功能"图像大小"的操作方法，在操作的同时可以体验 Photoshop CC 带给我们的不一样的科技革命。

文件路径：素材\第 2 章\021
视频文件：MP4\第 2 章\021.mp4

STEP 01 启动 Photoshop CC 程序后，执行"文件"|"打开"命令，弹出"打开"对话框，选择本书配套光盘中"第 2 章\2.3\021\021.jpg"文件，单击"打开"按钮，如图 2-72 所示。

STEP 02 执行"图像"|"图像大小"命令，或按 Ctrl+Alt+I 组合键，打开"图像大小"对话框，如图 2-73 所示。

图 2-72　打开文件

图 2-73　"图像大小"对话框

提示： 将低分辨率的影像放大，使其拥有优质的印刷效果，或从尺寸较大的影像开始作业，将其扩大成海报或广告广告牌的大小。

STEP 03 可以看到"图像大小"对话框的界面与之前的版本有很大的区别。在弹出的对话框中更改"宽度"数值，此时图像效果，如图 2-74 所示。

STEP 04 单击图像框中的"放大"按钮，将图像进行放大，此时发现人物脸上有比较多的杂色，如图 2-75 所示。

图 2-74　更改参数

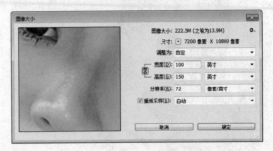

图 2-75　放大图像

STEP 05 在"重新采样"的下拉列表中，选择"保留细节（扩大）"选项，拖到"减少杂色"的滑块，可以减少人物脸上的杂色，让图像在放大的同时最大保留了图像的细节部分，如图 2-76 所示。

STEP 06 单击"确定"按钮，关闭对话框，此时图像效果如图 2-77 所示。

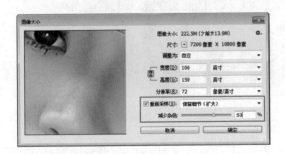

图 2-76　选择选项

图 2-77　最终效果

技巧：要恢复"图像大小"对话框中显示的初始值，可以从"调整为"菜单中选取"原稿大小"，或按住 Alt 键，然后单击"复位"键，即可恢复初始数值。

022. 新增工具——防抖滤镜

使用长焦镜头拍摄的室内或室外图像或在不开闪光灯的情况下使用较慢的快门速度拍摄的室内静态场景图像时，所拍摄的图像静态图像特别适合使用防抖功能。利用 Photoshop CC 新增的智能锐化滤镜及防抖功能，二者相结合，可以将清晰度最大化，并同时将杂色和光晕最小化，让照片展现出清晰的状态。

文件路径：素材\第 2 章\022

视频文件：MP4\第 2 章\022. mp4

STEP 01 启动 Photoshop CC 程序后，执行"文件"|"打开"命令，弹出"打开"对话框，选择本书配套光盘中"第 2 章\2.3\022\022.jpg"文件，单击"打开"按钮，如图 2-78 所示。

STEP 02 执行"滤镜"|"锐化"|"防抖"命令，打开"防抖"对话框，如图 2-79 所示。

图 2-78　打开图像

图 2-79　"防抖"对话框

STEP 03 "模糊描摹设置"选项中设置相关参数，此时图像效果如图 2-80 所示。在弹出的对话框中选择"高级"选项，打开其下拉列表，勾选"显示模糊评估区域"选项，选择"添加建议的模糊描摹"按钮 ，在图像中创建描摹的区域，发现整个图像变得更加清晰可见，如图 2-81 所示。

图 2-80　设置相关参数

图 2-81　创建描摹区域

STEP 04 在 "模糊描摹设置" 下面的选项中调整 "模糊描摹边界" 数值，此时图像效果如图 2-82 所示。

STEP 05 单击 "确定" 按钮，关闭对话框。执行 "滤镜" | "锐化" | "智能锐化" 命令，在弹出的对话框中选择 "阴影/高光" 按钮，展开下拉列表面板，如图 2-83 所示。

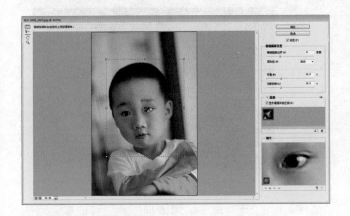

图 2-82　调整描摹区域数值

图 2-83　"智能滤镜" 对话框

STEP 06 在对话框中拖到各个滑块，调整其参数，让图像更加清晰可见，如图 2-84 所示。

STEP 07 单击 "确定" 按钮，关闭对话框，此时图像效果如图 2-85 所示。

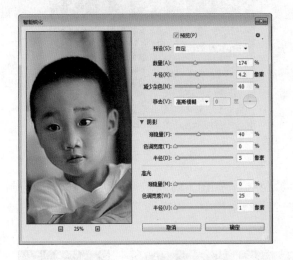

图 2-84　调整参数

图 2-85　最终效果

023. 裁剪工具——裁剪多余图像

　　几乎所有的图像处理类软件都设置有裁剪工具，其目的是帮助用户更好地完成图像在构图上的调整和控制，Photoshop 当然也不例外，要裁剪数码照片可使用裁剪工具，也可结合选区工具对部分照片进行裁切。

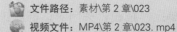
文件路径：素材\第 2 章\023
视频文件：MP4\第 2 章\023. mp4

STEP 01 启动 Photoshop CC 程序后，执行"文件"|"打开"命令，弹出"打开"对话框，选择本书配套光盘中"第 2 章\2.3\023\023.jpg"文件，单击"打开"按钮，如图 2-86 所示。

STEP 02 按 Ctrl+J 组合键复制图层，得到"图层 1"。选择工具箱中的"裁剪"工具 ，图像上单击并拖出一个矩形裁剪框，放开鼠标，即可创建裁剪区域，如图 2-87 所示。

图 2-86　打开文件

图 2-87　显示定界框

STEP 03 将光标放在定界框内，拖动鼠标可以移动定界框，如图 2-88 所示；拖动定界框上的控制点可以调整定界框的大小，如图 2-89 所示。单击工具选项栏中"提交当前裁剪操作"按钮 或按回车键确认，即可裁剪图像，如图 2-90 所示。

图 2-88　拖动定界框

图 2-89　调整定界框大小

图 2-90　最终效果

2.4 照片高级处理工具——新增 Camera Raw 滤镜

在 Photoshop CC 之前的版本中，Camera Raw 是专门用于处理 Raw 文件的程序。然而在 Photoshop CC 中，Adobe Camera Raw 现在作为滤镜使用，不管是 PNG、视频剪辑、TIFF 还是 JPEG 文件等，都能使用 Camera Raw 滤镜进行处理图像，而且对图像类型进行的所有编辑操作均不会造成破坏。

024. 新增功能——径向滤镜工具

全新"径向滤镜"工具（"Camera Raw"对话框|"径向滤镜"工具，或键盘快捷键 J）可让定义椭圆选框，然后将局部校正应用到这些区域。可以在选框区域的内部或外部应用校正。也可以在一张图像上放置多个径向滤镜，并为每个径向滤镜应用一套不同的调整。

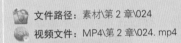
文件路径：素材\第 2 章\024
视频文件：MP4\第 2 章\024. mp4

STEP 01 启动 Photoshop CC 程序后，执行"文件"| "打开"命令，弹出"打开"对话框，选择本书配套光盘中"第 2 章\2.4\024\024.jpg"文件，单击"打开"按钮，如图 2-91 所示。

STEP 02 按 Ctrl+J 组合键复制图层，得到"图层 1"。执行"滤镜"|"Camera

图 2-91 打开文件

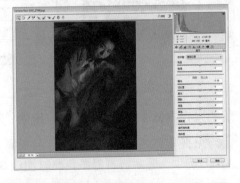

图 2-92 "Camera Raw 滤镜"对话框

Raw 滤镜"命令，或按 Ctrl+Shift+A 组合键打开"Camera Raw 滤镜"对话框，如图 2-92 所示。

STEP03 选择工具选项栏中的"径向滤镜"按钮◯，在图像上拖动光标，创建定界框，如图 2-93 所示。

STEP04 将光标放置在定界框中间的控制点上，当光标变为↔状时，单击并拖动鼠标即可缩放定界框，如图 2-94 所示。

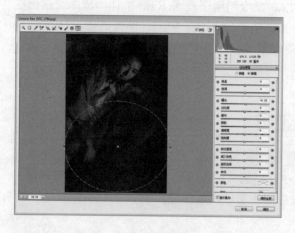

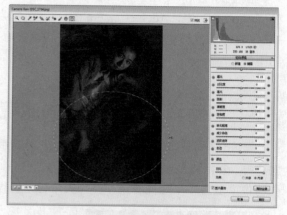

图 2-93　"径向滤镜"选中区域　　　　　　　　　图 2-94　缩放定界框

STEP05 将光标放在定界框外靠近中间位置的控制点上，当光标变为ↄ状时，单击并拖动鼠标可以旋转定界框，如图 2-95 所示。

STEP06 将光标放在定界框中间位置上，当光标变为✛状时，单击并拖动鼠标可以拖动定界框，如图 2-96 所示。

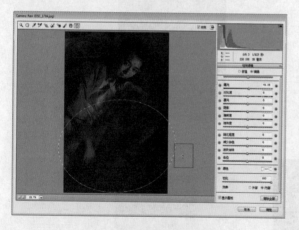

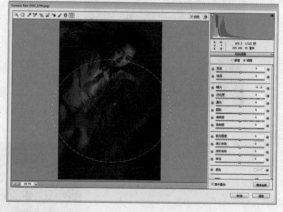

图 2-95　旋转定界框　　　　　　　　　　　　图 2-96　移动定界框

STEP07 在右侧调整滑块选项中，拖动"曝光度"滑块，将画面调亮，如图 2-97 所示。

STEP08 在右侧调整滑块选项中，若设置"羽化"范围为 0、"效果"为"内部"、勾选"显示叠加"选项，将定界框隐藏，此时图像效果如图 2-98 所示。

> 技巧：拍摄人物照时，拍摄者经常会将人物的脸部和头部置于画面的中心部分，一般人都认为在四方形构图中脸部和头部在画面的中心会给人一种稳定感，这实际上是一种错觉，有时将头部放置在非中心部分的位置，反而更能产生一种稳定的感觉。

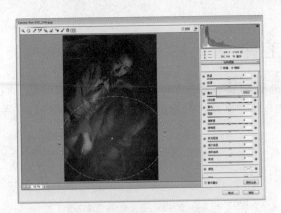

图 2-97 调整"曝光度"参数

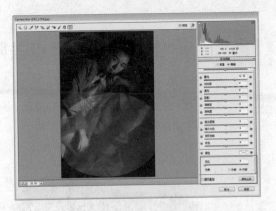

图 2-98 更改"羽化"参数

STEP 09 若再次设置"效果"为"外部"时，图像效果如图 2-99 所示。

STEP 10 调整"羽化"为 100、"效果"为"内部"、勾选"显示叠加"选项，在图像中调整阴影区域，如图 2-100 所示。

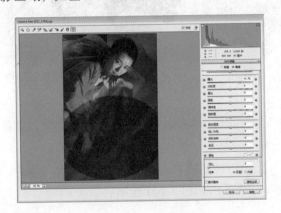

图 2-99 更改参数

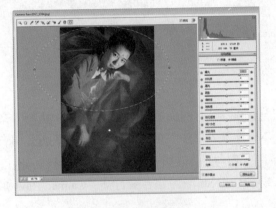

图 2-100 调整图像

STEP 11 同上述操作方法，利用径向滤镜工具提亮图像，如图 2-101 所示。

STEP 12 单击"确定"按钮，关闭对话框，此时图像效果如图 2-102 所示。

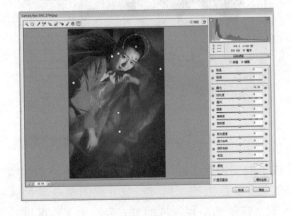

图 2-101 调整图像

图 2-102 最终效果

025. 新增功能——污点去除工具

"污点去除"工具 是 Camera Raw 滤镜的新增功能，它与 Photoshop 中的"修复画笔"类似，使用"污点去除"工具 在照片的某个目标上进行涂抹，然后选择需要应用的源区域，"污点去除"工具 会自动地修复所选区域。

📁 文件路径：素材\第 2 章\025
🎬 视频文件：MP4\第 2 章\025. mp4

STEP 01 启动 Photoshop CC 程序后，执行"文件"|"打开"命令，弹出"打开"对话框，选择本书配套光盘中"第 2 章\2.4\025\025.jpg"文件，单击"打开"按钮，如图 2-103 所示。

STEP 02 按 Ctrl+J 组合键复制图层，得到"图层 1"。执行"滤镜"|"Camera Raw 滤镜"命令，或按 Ctrl+Shift+A 组合键打开"Camera Raw 滤镜"对话框，如图 2-104 所示。

图 2-103 打开文件

图 2-104   "Camera Raw 滤镜"对话框

STEP 03 按 Ctrl++组合键放大图像。选择工具选项栏中的"污点去除"工具 ，相对于之前的版本，我们必须要在"画笔大小"选项中拖到滑块或按键盘上的"["或"]"来调整画笔的大小，而现在的 Camera Raw 滤镜中可以随意拖动画笔，在图像中用涂抹的方式来选中污点区域，如图 2-105 所示。

STEP 04 松开"污点去除"工具 ，我们会发现去除画笔会自动地匹配源区域，如图 2-106 所示。

图 2-105　涂抹画笔

图 2-106　匹配源区域

STEP 05 将光标放在绿色区域中，当光标变为移动形状时，可以拖到绿色区域，来匹配最合适的源区域，如图 2-107 所示。

STEP 06 释放鼠标，即可用源区域来修复有瑕疵的区域，如图 2-108 所示。

图 2-107　拖动源区域

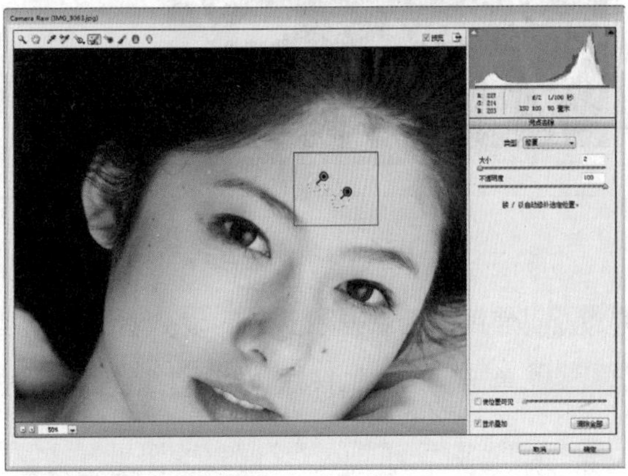

图 2-108　自动修复

STEP 07 取消"显示叠加"选项，此时图像中所显示的去除区域全部都隐藏起来，让画面看起来更加干净，如图 2-109 所示。

STEP 08 勾选面板中的"使位置可见"选项，发现图像模式为反相效果，而污点区域在此效果显示下更加明显、突出，如图 2-110 所示。

STEP 09 使用"污点去除"工具 ，在污点上涂抹，去除人物上的污点，如图 2-111 所示。

STEP 10 取消"使位置可见"选项，此时图像效果如图 2-112 所示。

技 巧：相对于 Photoshop CS6 版本中的"污点去除"工具 ，PhotoshopCC 版本的"污点去除"工具 更具有可操控性，无需再调节面板上的大小参数，按键盘上的"["或"]"即可随意地放大或缩小画笔的大小。

图 2-109　隐藏"显示叠加"选项

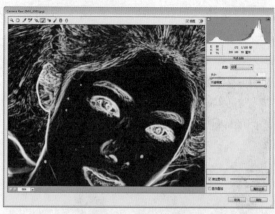

图 2-110　显示"使位置可见"选项

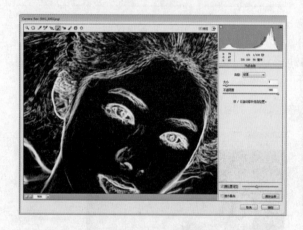

图 2-111　去除污点

图 2-112　隐藏"使位置可见"选项

STEP 11 使用"污点去除"工具，将人物脸上有瑕疵的地方进行修复，如图 2-113 所示。

STEP 12 单击"确定"按钮，关闭对话框，此时图像效果如图 2-114 所示。

图 2-113　去除污点

图 2-114　最终效果

026. 新增功能——镜头校正

　　Camera Raw 中的垂直功能（"Camera Raw"对话框>"镜头校正">"手动"选项卡）能手动拉直图像内容。垂直模式会自动校正照片中元素的透视，现有设置中添加了新滑块"长宽"，"长宽"滑块可以水平或竖直修改图像的长宽，将控件滑动到左边会修改照片的水平长宽，滑动到右边会修改垂直长宽。

文件路径：素材\第 2 章\026

视频文件：MP4\第 2 章\026. mp4

STEP 01 启动 Photoshop CC 程序后，执行"文件"|"打开"命令，弹出"打开"对话框，选择本书配套光盘中"第 2 章\2.4\026\026.jpg"文件，单击"打开"按钮，如图 2-115 所示。

STEP 02 执行"滤镜"|"Camera Raw 滤镜"命令，或按 Ctrl+Shift+A 组合键打开"Camera Raw 滤镜"对话框，如图 2-116 所示。

图 2-115　打开文件

图 2-116　"Camera Raw 滤镜"对话框

STEP 03 在"图像调整选项卡"中选择"镜头校正"选项 ，在打开的"镜头校正"的下拉列表中有四种校正的方法，这张图像在水平和垂直构图上存在着倾斜，选择第四种镜头校正按钮"完全：应用水平、横向和纵向透视校正" ，此时图像效果如图 2-117 所示。

图 2-117　选择"镜头校正"选项

STEP 04 单击"确定"按钮，关闭对话框。选择工具箱中的"裁剪"工具 ，拖动四周的控制点，将图像进行裁剪，如图 2-118 所示。

STEP 05 单击回车键，确定裁剪，图像效果如图 2-119 所示。

图 2-118　裁剪工具

图 2-119　最终效果

▶ 增强和创建眼神光   ▶ 动人瞳孔

▶ 消除黑眼圈   ▶ 天亮了，睁开双眼吧

▶ 打造个性眼睫毛   ▶ 打造时尚眼影

▶ 烟熏眼影特技画法   ▶ 炫彩眼影特技画法

▶ 消除眼睛红血丝   ▶ 跟眼袋说 bye bye

▶ 第 3 章
迷人眼目——眼部修饰

    眼睛,被人喻为"心灵的窗户",它是五官之首,是人的重要器官,对于人们的工作,学习和生活均至关重要。本章主要针对人像照片中的眼睛区域进行处理,通过改变瞳孔颜色、消除黑眼圈、增加眼神光等案例的分析和处理,详细介绍了各种调整工具、液化工具等人物眼睛常用处理工具的使用方法。利用本章介绍的相关处理方法和工具,可以使人物眼睛炯炯有神、神采奕奕。

027. 使眼睛朝气蓬勃

在拍摄人像时，往往因为外在的因素导致眼睛对比不够强烈或呈现朦胧状态，会显得单调并没有朝气，本案例利用选框工具在眼球创建合适的选区，填充颜色以增强颜色对比度，表现出年轻人该有的活力与朝气。

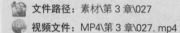
文件路径：素材\第 3 章\027
视频文件：MP4\第 3 章\027.mp4

STEP 01 启动 Photoshop CC 程序后，执行"文件"|"打开"命令，弹出"打开"对话框，选择本书配套光盘中"第 3 章\027\027.jpg"文件，单击"打开"按钮，如图 3-1 所示。

STEP 02 按 Ctrl+J 组合键，在"图层"面板中复制"背景"图层，得到"图层 1"。选择工具箱中的"磁性套索"工具，在工具选项栏中选择"添加到选区"按钮，拖动光标在眼球上创建一个选区，再在另一个眼球上也创建选区，如图 3-2 所示。

图 3-1　打开文件

图 3-2　创建选区

STEP 03 执行"选择"|"修改"|"羽化"命令，或按 Shift+F6 组合键，在弹出的"羽化选区"对话框中设置"羽化半径"为 5 像素，如图 3-3 所示。

STEP 04 单击"确定"按钮，关闭对话框。执行"滤镜"|"锐化"|"USM 锐化"命令，在弹出的"USM 锐化"对话框中设置相关参数，如图 3-4 所示。

图 3-3 "羽化选区"对话框　　　　　　　图 3-4 "USM 锐化"对话框

STEP 05 单击"确定"按钮，关闭对话框，此时图像效果如图 3-5 所示。

STEP 06 执行"编辑"|"渐隐 USM 锐化"命令，或按 Ctrl+Shift+F 组合键，打开"渐隐"对话框，在对话框中设置相关参数，如图 3-6 所示。

图 3-5 锐化效果　　　　　　　　　　　图 3-6 "渐隐"对话框

STEP 07 单击"确定"按钮关闭对话框。执行"图像"|"调整"|"色阶"命令，或按 Ctrl+L 组合键，打开"色阶"对话框，拖动对话框中的各个滑块，调整眼睛的对比度，如图 3-7 所示。

STEP 08 执行"选择"|"取消选择"命令，或按 Ctrl+D 组合键取消选区。选择工具箱中的"椭圆选框"工具 ，在工具选项栏中单击"从选区中减去"按钮 ，使用鼠标在眼球边缘拖曳绘制一个椭圆选区，再绘制一个椭圆选区，上半部分与之前选区重叠，减去重叠部分，保留月牙形状的选区，如图 3-8 所示。

图 3-7 "色阶"对话框　　　　　　　　　图 3-8 创建选区

STEP 09 选择图层面板下方的"创建新图层"按钮 ，新建图层，为选区填充白色，按 Ctrl+D 组合键取消选区。执行"滤镜"|"模糊"|"高斯模糊"命令，在弹出的对话框中设置"高斯模糊半径"为 3 像素，模糊白色的图像，如图 3-9 所示。

STEP 10 设置该图层混合模式为"柔光"。选择工具箱中的"橡皮擦"工具，擦除多余的白色图像，在图像窗口中可看到人物眼睛增强了虹膜边缘的亮度，使眼睛更有神，如图3-10所示。

图3-9 "高斯模糊"对话框　　　　　　　　　　　图3-10 最终效果

技巧：按下Shift+Ctrl+N组合键，可新建图层，并可以在打开的"新建图层"对话框中，设置新建的图层名称、混合模式和不透明度。

028. 增强和创建眼神光

在人物眼球上形成微小光斑的光就是眼神光，它是通过在人物眼球上的小光斑使眼神传神生动，刻画人物的神态。眼神光的运用往往是人物摄影的特殊手段和点睛之笔，在没有眼神光的情况下眼睛看起来显得单调和沉闷。

文件路径：素材\第3章\028
视频文件：MP4\第3章\028. mp4

STEP 01 启动 Photoshop CC 程序后，执行"文件"|"打开"命令，弹出"打开"对话框，选择本书配套光盘中"第3章\028\028.jpg"文件，单击"打开"按钮，如图3-11所示。

STEP 02 按 Ctrl+J 组合键，在"图层"面板中复制"背景"图层，得到"图层1"。选择工具箱中的"画笔"工具，在其选项栏中单击画笔大小选项的下拉列表，在打开的"画笔预设"选取器中选择一个硬边笔尖，并设置画笔的大小，如图3-12所示。

STEP 03 按 Ctrl++组合键放大图像。选择图层面板下方的"创建新图像"按钮 🔲，新建图层。使用"画笔"工具 ✒️ 在人物眼睛合适的位置单击，添加白色效果，如图 3-13 所示。

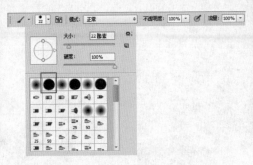

图 3-11　打开文件　　　　　图 3-12　"画笔"参数　　　　　　图 3-13　创建白点

STEP 04 设置该图层不透明度为 70%，设置后在画面中可看到眼睛上添加的白色更自然地融入到眼睛中，模拟出眼神光效果，如图 3-14 所示。

STEP 05 选择图层面板下的"创建新的填充或调整图层"按钮 ⬤，创建"色阶"调整图层，在弹出的对话框中调整各个滑块参数，如图 3-15 所示。

STEP 06 选中"色阶"调整图层中的蒙版区域，填充黑色。选择"画笔"工具 ✒️，设置不透明度为 35%，用白色的画笔工具在人物眼球区域进行涂抹，保留眼球周围的色阶效果，增强眼睛的对比度，展现出神采奕奕的眼神，如图 3-16 所示。

图 3-14　降低不透明度　　　　图 3-15　"曲线"调整图层　　　　图 3-16　最终效果

> 😊 技 巧：按下 [键可将画笔调小，按下] 键则调大。对于实边圆、柔边圆和书法画笔，按下 Shift+[组合键可减小画笔的硬度，按下 Shift+] 组合键则增加硬度；按下键盘中的数字键可调整画笔工具的不透明度，例如，按下 1，画笔不透明度为 10%；按下 75，不透明度为 75%；按下 0 不透明度恢复为 100%；使用画笔工具时，在画面中单击，然后按住 Shift 键单击画面中任意一点，两点之间会以直线连接。按住 Shift 键还可以绘制水平、垂直或 45° 角为增量的直线。

029. 增加眼白部分

　　眼白是眼睛构成的一部分，占眼球的大部分，正常人的眼白洁白而无异色和斑点。如拍摄出现眼白浑浊的眼睛时，需要通过后期的调整让眼睛变得清澈，利用选择工具在眼睛区域进行选择，并结合图层的调整，使眼睛更加清晰明亮。

文件路径：素材\第 3 章\029

视频文件：MP4\第 3 章\029. mp4

STEP 01 启动 Photoshop CC 程序后，执行"文件"|"打开"命令，弹出"打开"对话框，选择本书配套光盘中"第 3 章\029\029.jpg"文件，单击"打开"按钮，如图 3-17 所示。

STEP 02 按 Ctrl+J 组合键，在"图层"面板中复制"背景"图层，得到"图层 1"，如图 3-18 所示。

图 3-17　打开文件

图 3-18　图层面板

STEP 03 按 Ctrl++组合键放大图像。选择工具箱中的"磁性套索"工具，在图像窗口中绘制创建选区，如图 3-19 所示。

STEP 04 在工具选项栏中按下"添加到选区"按钮，在人物眼白创建选区，如图 3-20 所示。

图 3-19　创建选区

图 3-20　添加选区

STEP 05 按 Shift+F6 组合键羽化 2 像素。执行"图像"|"调整"|"曲线"明亮，或按 Ctrl+M 组合键，打开"曲线"对话框，在曲线上单击鼠标添加控制单，在"输出"文本框中输入 114，在"输入"文本框中输入 169，如图 3-21 所示。

STEP 06 单击"确定"按钮，关闭对话框，此时图像效果如图 3-22 所示。

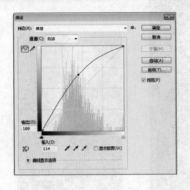

图 3-21 "曲线"对话框

图 3-22 调整效果

STEP 07 选择工具箱中的"减淡"工具，设置工具选项栏中的"范围"为"中间值"、"曝光度"为 30%，在人物眼白上涂抹，如图 3-23 所示。

STEP 08 选择工具箱中的"海绵"工具，设置工具选项栏中的"模式"为"去色"、"流量"为 30%，在人物眼白处涂抹，减少眼白中的红色图像。按 Ctrl+D 组合键取消选区，如图 3-24 所示。

图 3-23 "减淡"工具涂抹

图 3-24 最终效果

技巧：调整图层可以随时修改参数，而"图像"|"调整"菜单中的命令一旦应用以后，将文档关闭，图像就不能恢复了。

030. 动人瞳孔

瞳孔颜色的变化，不但能美化整个人的精神状态，还能遮盖人物眼睛的缺陷。比如有的人会长期熬夜，经常面对电脑的辐射，造成人物眼睛泛黄，显示空洞无神。而爱美的女孩会带着一个假的美瞳，去妆点自己的精神面貌。黑色的美瞳戴上去给人清纯的感觉、淡绿色的则给人神秘性感的味道。

 文件路径：素材\第 3 章\030

视频文件：MP4\第 3 章\030.mp4

STEP 01 启动 Photoshop CC 程序后，执行"文件"|"打开"命令，弹出"打开"对话框，选择本书配套光盘中"第 3 章\030\030.jpg"文件，单击"打开"按钮，如图 3-25 所示。

STEP 02 按 Ctrl+J 组合键，在"图层"面板中复制"背景"图层，得到"图层 1"。选择工具箱中的"钢笔"工具 ，设置工具选项栏中"工具模式"为"路径"，在人物的两只眼球的周围绘出形状，如图 3-26 所示。

STEP 03 按 Ctrl+Enter 组合键，将路径转换为选区，如图 3-27 所示。

图 3-25　打开文件　　　　　　图 3-26　绘制路径　　　　　　图 3-27　转换为选区

STEP 04 执行"选择"|"修改"|"羽化"命令，或按 Shift+F6 组合键，在弹出的"羽化选区"对话框中设置羽化半径为 5 像素，如图 3-28 所示。

STEP 05 执行"图像"|"调整"|"曲线"命令，或按 Ctrl+M 组合键，打开"曲线"对话框，适当地将选区内的眼球提亮，如图 3-29 所示。

STEP 06 执行"图像"|"调整"|"色相/饱和度"命令，或按 Ctrl+U 组合键，打开"色相/饱和度"对话框，调整眼球的色彩，如图 3-30 所示。单击"确定"按钮关闭对话框。按 Ctrl+J 组合键复制选区内的图像，设置该图层混合模式为"颜色减淡"、不透明度为 60%，如图 3-31 所示。

图 3-28 "羽化选区"对话框　　　图 3-29 "曲线"对话框　　　图 3-30 "色相/饱和度"对话框

STEP 07 选择工具箱中的"橡皮擦"工具 ，在眼球区域进行涂抹，擦除多余的瞳孔颜色，如图 3-32 所示。

图 3-31 设置混合模式　　　　　　　　图 3-32 最终效果

031 消除黑眼圈

黑眼圈也是我们常说的"熊猫眼"，是由于经常熬夜，情绪不稳定，眼部疲劳、衰老，静脉血管血流速度过于缓慢，眼部皮肤红血球细胞供氧不足，静脉血管中二氧化碳及代谢废物积累过多，形成慢性缺氧，血液较暗并形成滞流以及造成眼部色素沉着。

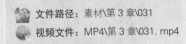

文件路径：素材\第 3 章\031

视频文件：MP4\第 3 章\031.mp4

STEP 01 启动 Photoshop CC 程序后，执行"文件"|"打开"命令，弹出"打开"对话框，选择本书配套光盘中"第 3 章\031\031.jpg"文件，单击"打开"按钮，如图 3-33 所示。

STEP 02 按 Ctrl+J 组合键，在"图层"面板中复制"背景"图层，得到"图层 1"。选择工具箱中的"减淡"工具，在工具选项栏中设置画笔"大小"为 80px、单击"范围"选项右侧的按钮，在弹出的下拉列表中选择"中间调"、将"曝光度"设置为 20%，如图 3-34 所示。

 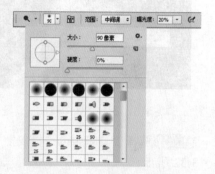

STEP 03 在人物眼袋处轻轻涂抹，消除黑眼圈，效果如图 3-35 所示。

图 3-33　打开文件　　　　　　图 3-34　　"减淡"工具参数

STEP 04 现在我们看到的眼袋处还有些发黄的迹象，选择工具箱中的"套索"工具，在眼袋处创建选区，如图 3-36 所示。

STEP 05 按 Shift+F6 组合键，羽化 20 像素。执行"图像"|"调整"|"色彩平衡"命令，或按 Ctrl+B 组合键，打开"色彩平衡"对话框，在弹出的对话框中设置相关参数，如图 3-37 所示。

图 3-35　涂抹黑眼圈　　　　　　图 3-36　创建选区　　　　　　图 3-37　　"色彩范围"对话框

STEP 06 单击"确定"按钮关闭对话框，按 Ctrl+D 组合键取消选区，此时图像效果如图 3-38 所示。选择工具箱中的"套索"工具，沿着照片中人物眼线的部位将黑眼圈选取，如图 3-39 所示。

图 3-38　图像效果　　　　　　图 3-39　创建选区　　　　　　图 3-40　拖动选区

STEP 07 执行"选择"|"修改"|"羽化"命令，在弹出的"羽化选区"对话框中输入"羽化半径"为 5 像素。拖动选区到脸部光滑的地方，按 Ctrl+C 组合键复制选区内的图像，如图 3-40 所示。

STEP 08 按 Ctrl+V 组合键粘贴复制的选区，生成新的图层。选择工具箱中的"移动"工具 ，将复制的皮肤移动到黑眼圈上，将黑眼圈遮盖住，如图 3-41 所示的效果。

STEP 09 在"图层"面板中将新生成的图层的不透明度设置为 40%。选择工具箱中的"橡皮擦"工具 ，在人物肌肤上涂抹，擦除多余的肌肤，图像效果如图 3-42 所示。

图 3-41　遮盖黑眼圈

图 3-42　最终效果

032. 变大眼睛

　　若要将小眼睛的人像照片展现出大而明亮的双眼，除了可以应用"液化"命令之外，还可以应用"套索"工具将小眼放大，让眼睛瞬间漂亮许多。

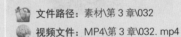

文件路径：素材\第 3 章\032
视频文件：MP4\第 3 章\032. mp4

STEP 01 启动 Photoshop CC 程序后，执行"文件"|"打开"命令，弹出"打开"对话框，选择本书配套光盘中"第 3 章\032\032.jpg"文件，单击"打开"按钮，如图 3-43 所示。

STEP 02 按 Ctrl+J 组合键，在"图层"面板中复制"背景"图层，得到"图层 1"，按 Ctrl++组合键放大图像。选择工具箱中的"套索"工具 ，在人物的右眼处创建选区，如图 3-44 所示。

STEP 03 执行"选择"|"修改"|"羽化"命令，在弹出的"羽化选区"对话框中输入"羽化半径"为 10 像素，按 Ctrl+J 组合键复制选区内的图像，生成新的图层，如图 3-45 所示。

图 3-43　打开文件　　　　　　　　　图 3-44　创建选区　　　　　　　　图 3-45　图层面板

STEP 04 执行"编辑"|"自由变换"命令，或按 Ctrl+T 组合键显示定界框，如图 3-46 所示。

STEP 05 将光标放在定界框四周的控制点上，当光标变为↗状时，按住 Alt+shift 组合键的同时单击并拖动鼠标，可等比例地缩放图像，如图 3-47 所示。

STEP 06 将光标放在定界框内，当光标变为▶状时，即可移动定界框内的图像，如图 3-48 所示。

图 3-46　"自由变换"定界框　　　　图 3-47　放大定界框　　　　　　图 3-48　移动定界框

STEP 07 单击回车键，确定该操作。选择工具箱中的"橡皮擦"工具 ，在人物眼睛周围涂抹，擦除部分眼睛周围的皮肤，如图 3-49 所示。

STEP 08 同上述操作方法，将另一只眼睛也进行放大处理，图像效果如图 3-50 所示。

图 3-49　擦除多余图像　　　　　　　　　　　图 3-50　最终效果

033. 天亮了，睁开双眼吧

当光线太强或使用闪光灯时，往往会造成闭眼的现象。这个时候可以利用 Photoshop 后期功能将睁眼的照片替换到闭眼的照片中，还原真实的睁眼效果。

文件路径：素材\第 3 章\033

视频文件：MP4\第 3 章\033. mp4

STEP 01 启动 Photoshop CC 程序后，执行"文件"|"打开"命令，弹出"打开"对话框，选择本书配套光盘中"第 3 章\033\033.jpg"文件，单击"打开"按钮，如图 3-51 所示。

STEP 02 在"图层"面板中，将"背景"图层拖动面板下方的"创建新图层"按钮上 ，复制得到"背景复制"图层，如图 3-52 所示。

STEP 03 按 Ctrl+O 组合键，打开"人物"素材。选择工具箱中的"钢笔"工具 ，设置工具选项栏中的"工具模式"为"路径"，在图像窗口沿着人物眼睛周围绘制路径，如图 3-53 所示。

图 3-51　打开文件

图 3-52　图层面板

图 3-53　创建选区

STEP 04 选择"图层"面板上的"路径"面板，右键单击"工作路径"图层，在弹出的对话框中选择"建立选区"选项，如图 3-54 所示。

STEP 05 在弹出的"建立选区"对话框中，输入"羽化半径"为 5px，如图 3-55

STEP 06 单击"确定"按钮关闭对话框，将路径转换为选区，如图 3-56 所示。

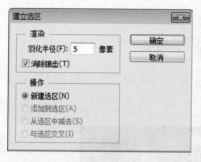

图 3-54　建立选区　　　　　图 3-55　"建立选区"对话框　　　　图 3-56　转换为选区

STEP 07 选择工具箱中的"移动"工具 ，拖动眼睛图片到前面打开的图像窗口中，如图 3-57 所示。

STEP 08 按 Ctrl+T 组合键显示定界框，将光标放在定界框外靠近中间位置的控制点上，当光标变为 状时，单击并拖动鼠标旋转对象，如图 3-58 所示。

STEP 09 将光标放在定界框内，当光标变为 ▶ 状时，移动定界框内的图像，效果如图 3-59 所示。

图 3-57　拖曳图像　　　　　图 3-58　旋转图像　　　　　图 3-59　移动图像

STEP 10 将光标放在左侧的定界框控制点上，当光标变为 状时，稍稍放大图像，如图 3-60 所示。

STEP 11 单击回车键应用变换。选择图层面板下的"添加图层蒙版"按钮 ，为该图层添加一个蒙版，选择工具箱中的"画笔"工具 ，将前景色设为黑色，在照片中人物眼睛周围部分进行涂抹，擦去多余图像，如图 3-61 所示。

图 3-60　放大图像　　　　　　　　　　图 3-61　最终效果

034. 增强睫毛效果

　　睫毛的美化，可以让眼睛更有神韵，如果睫毛在拍摄或者化妆时没有很好地表现出效果，那么拍摄出来的图像可能会让眼睛失去神采。在后期处理中可以通过载入睫毛形状的笔刷，为眼睛直接绘制上好看的睫毛图像。

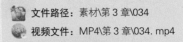
文件路径：素材\第 3 章\034
视频文件：MP4\第 3 章\034. mp4

STEP 01 启动 Photoshop CC 程序后，执行"文件"|"打开"命令，弹出"打开"对话框，选择本书配套光盘中"第 3 章\034\034.jpg"文件，单击"打开"按钮，如图 3-62 所示。

STEP 02 按 Ctrl+J 组合键，在"图层"面板中复制"背景"图层，得到"图层 1"。执行"编辑"|"预设"|"预设管理器"对话框，在打开的对话框中选择"载入画笔"选项，如图 3-63 所示。

STEP 03 在打开的"载入"对话框中载入随书光盘/素材/034/睫毛.ABR 文件，载入后的"画笔预设"选取器对话框中可看到载入的睫毛画笔，如图 3-64 所示。

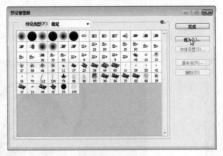

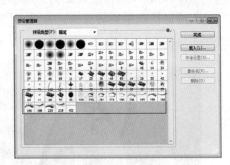

图 3-62　打开文件　　　图 3-63　"预设管理器"对话框　　　图 3-64　载入画笔

STEP 04 单击"完成"按钮关闭对话框。选择图层面板下的"创建新图层"按钮，新建图层，选择工具箱中的"画笔"工具，单击选择其中一个睫毛笔刷，设置相关大小，如图 3-65 所示。

STEP 05 使用"画笔"工具在人物右侧眼睛区域单击，绘制睫毛图像，如图 3-66 所示。

STEP 06 按 Ctrl+T 组合键显示定界框，使用变换编辑框对睫毛大小进行调整，使睫毛贴合到眼睛边缘区域，如图 3-67 所示。

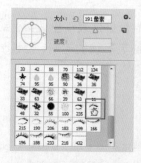

图 3-65　选择画笔　　　　　　图 3-66　绘制睫毛　　　　　　图 3-67　调整睫毛

STEP 07 在定界框内单击鼠标右键，在打开的菜单中选择"变形"命令出现变形网格，使用鼠标拖曳网格点，对图像进行变形，让睫毛的位置正确贴合到眼睛边缘，如图 3-68 所示。

STEP 08 按回车键确认变形操作。设置该图层的不透明度为 70%，让添加的睫毛效果更加自然，如图 3-69 所示。

图 3-68　变形睫毛　　　　　　　　　　　　图 3-69　设置不透明度

STEP 09 按 Ctrl+J 组合键，复制图层得到"图层 1 复制"图层，按 Ctrl+T 组合键，使用变换编辑框对图像进行水平翻转变换，并移动到人物另一边的眼睛区域，添加上睫毛，如图 3-70 所示。

STEP 10 同上述添加睫毛的操作方法，为人物眼睛添加另外的睫毛效果，如图 3-71 所示。

图 3-70　复制睫毛　　　　　　　　　　　　图 3-71　最终效果

035. 打造个性眼睫毛

这种眼睫毛的画法比较夸张，它主要应用在彩妆上，平时的新娘妆和一些清纯的艺术写真不太适合。画笔的设置，前景色和背景色颜色的选择是关键，在彩色睫毛和真睫毛交界处一定要处理仔细，否则看上去就比较假，眼线的画法一般是画在上下眼睑处。

文件路径：素材\第 3 章\035
视频文件：MP4\第 3 章\035.mp4

STEP 01 启动 Photoshop CC 程序后，执行"文件"|"打开"命令，弹出"打开"对话框，选择本书配套光盘中"第 3 章\035\035.jpg"文件，单击"打开"按钮，如图 3-72 所示。

STEP 02 选择图层面板下方的"创建新图层"按钮，新建图层。选择工具箱中的"画笔"工具，在其画笔大小下拉列表中选择如图 3-73 所示的笔刷。

STEP 03 前景色设置的颜色为黄绿色（#aaa40d），也可以设置成其他的色彩，如图 3-74 所示。

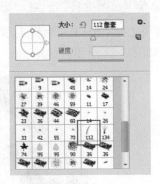

图 3-72　打开文件　　　　图 3-73　选择画笔　　　　图 3-74　设置前景色

STEP 04 背景色设置的颜色为棕红色（#992b2b），也可以设置成其他色彩，如图 3-75 所示。

STEP 05 选择工具选项栏中的"画笔面板"按钮，打开画笔面板对话框左侧列表中选择"颜色动态"选项，设置相关参数，如图 3-76 所示。

STEP 06 选择"画笔笔尖形状"选项，调整画笔的笔尖及大小，如图 3-77 所示。

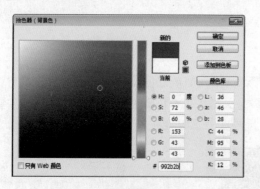

图 3-75　设置背景色

图 3-76　"颜色动态"参数

图 3-77　"画笔笔尖形态"参数

STEP 07 按 Ctrl++组合键放大图像，在人物的右眼睫毛位置画出形状，如图 3-78 所示。

STEP 08 按 Ctrl+T 组合键显示定界框，适当调整一下睫毛的方位，让其和真睫毛的方向一致，如图 3-79 所示。

图 3-78　涂抹画笔

图 3-79　调整睫毛位置

STEP 09 选择工具箱中的"加深"工具，设置工具选项栏中的"范围"为"中间值"、"曝光度"为 100%，在睫毛根部适当位置加深，让它和真睫毛衔接自然一些，如图 3-80 所示。

STEP 10 按 Ctrl+J 组合键复制该图层，在该图层上按 Ctrl+T 组合键显示定界框，适当拉长图形的高度，让两个睫毛图形产生一定的层次感，如图 3-81 所示。

图 3-80　加深睫毛

图 3-81　复制睫毛

STEP 11 按回车键确认变形，将图层 1 和图层 1 复制合并。执行"图像"|"调整"|"色相/饱和度"命令，或按 Ctrl+U 组合键，打开"色相/饱和度"对话框，设置相关参数，调整睫毛的色彩，如图 3-82 所示。

STEP 12 按 Ctrl+J 组合键复制图层 1。在复制后的图层 1 复制上按 Ctrl+T 组合键，单击鼠标右键，选择"垂直翻转"选项，将睫毛适当调整到眼睑睫毛的位置，如图 3-83 所示。

图 3-82 "色相/饱和度"参数

图 3-83 复制睫毛

STEP 13 执行"图像"|"调整"|"色相/饱和度"命令，或按 Ctrl+U 组合键，打开"色相/饱和度"对话框，设置相关参数，调整睫毛的色彩，如图 3-84 所示。

STEP 14 再次复制图层 1 复制，在复制 2 上按 Ctrl+T 组合键，适当调整大小和角度，合并可见图层，如图 3-85 所示。

图 3-84 "色相/饱和度"参数

图 3-85 复制睫毛

STEP 15 按下回车键确认变形。选择工具箱中的"橡皮擦"工具 ✐，将眼睑上多余的睫毛擦除掉，如图 3-86 所示。

STEP 16 按 Ctrl+E 组合键合并所有的可见图层。按 Ctrl+J 组合键，复制睫毛图层，按 Ctrl+T 组合键水平放置睫毛，放置在另一只眼睛上，如图 3-87 所示。

图 3-86 擦除多余睫毛

图 3-87 复制睫毛

STEP 17 新建图层。选择工具箱中的"钢笔"工具 ，设置工具选项栏中"工具模式"为"路径"，在人物下眼睑的位置，勾勒出眼线的形状，如图 3-88 所示。

STEP 18 按 Ctrl+Enter 组合键，将路径转换为选区，填充白色，如图 3-89 所示。

STEP 19 按 Ctrl+D 组合键取消选区，按 Ctrl+J 组合键复制该图层，移至到另一眼睛上，如图 3-90 所示。

图 3-88　绘制路径　　　　　　图 3-89　填充白色　　　　　　图 3-90　最终效果

技巧：按 Alt+Delete 组合键可快速填充前景色；按 Ctrl+Delete 组合键可快速填充背景色。

036. 锐化眼睛，使眼睛显得更有活力

你有没有这样的烦恼，自己拍摄的照片总是"雾蒙蒙"的，尤其是眼睛，没有光泽。这篇教程会介绍一种方法，只需 30 秒，让人物的眼睛更加明亮，让照片更加锐利。

文件路径：素材\第 3 章\036
视频文件：MP4\第 3 章\036. mp4

STEP 01 启动 Photoshop CC 程序后，执行"文件"|"打开"命令，弹出"打开"对话框，选择本书配套光盘中"第 3 章\036\036.jpg"文件，单击"打开"按钮，如图 3-91 所示。

STEP 02 按 Ctrl+J 组合键，在"图层"面板中复制"背景"图层，得到"图层 1"。选择工具箱中的"锐化"工具 ，在其选项栏中设置"强度"为 80%，使用该工具在画面中人物眼球上涂抹，锐化图像，让眼睛显得清澈明亮，如图 3-92 所示。

图 3-91　打开文件

图 3-92　锐化眼睛

STEP 03 选择工具箱中的"椭圆选框"工具 ⊙，在人物眼球区域单击并拖曳，绘制椭圆选区，按 Shift+F6 组合键羽化 10 像素，按 Ctrl+J 组合键，复制选区内的图像。执行"图像"|"调整"|"阈值"命令，在打开"阈值"对话框中设置阈值色阶为 100，如图 3-93 所示。

STEP 04 单击"确定"按钮关闭对话框，，设置该图层的混合模式为"柔光"、不透明度为 50%，这时可以看到黑白分明的眼睛，更加凸显儿童的纯真眼神，如图 3-94 所示。

图 3-93　"阈值"对话框

图 3-94　最终效果

037. 打造时尚眼影

　　随着社会流行趋势的不断发展，彩妆越来越受到女孩子们的青睐，尤其是那迷人的眼影，展示出花样美女的灵动气息，使每一个细节都绽放得甜美诱人，让美丽的那一刻永远绽放。

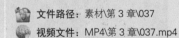

文件路径：素材\第 3 章\037

视频文件：MP4\第 3 章\037.mp4

STEP 01 启动 Photoshop CC 程序后，执行"文件"|"打开"命令，弹出"打开"对话框，选择本书配套光盘中"第 3 章\037\037.jpg"文件，单击"打开"按钮，如图 3-95 所示。

STEP 02 选择图层面板下方的"创建新图层"按钮 🔲，新建图层。选择工具箱中的"椭圆选框"工具 🔘，在人物眼睛处创建选区，如图 3-96 所示。

图 3-95　打开文件　　　　　　　　　　　　　图 3-96　创建选区

STEP 03 执行"选择"|"修改"|"羽化"命令，或按 Shift+F6 组合键，在弹出的"羽化选区"对话框中设置"羽化半径"为 5 像素，如图 3-97 所示。

STEP 04 选择工具箱中的"渐变"工具 🔲，在工具选项栏中打开"渐变编辑器"对话框，在弹出的对话框中设置洋红色（#ff00f6）到蓝色（#0018ff）再到红色（#ff0000）的渐变颜色条，如图 3-98 所示。

图 3-97　"羽化"对话框　　　　　　　　　　图 3-98　"渐变编辑器"对话框

STEP 05 按下"线性渐变"按钮 🔲，从选区的左边往右边拖曳鼠标，填充线性渐变，如图 3-99 所示。设置该图层的混合模式为"柔光"，此时图像效果如图 3-100 所示。

图 3-99　填充渐变　　　　　　　　　　　　图 3-100　设置混合模式

STEP 06 选择图层面板下方的"创建图层蒙版"按钮 ▣，为该图层添加一个蒙版，选择"画笔"工具 ✎，设置前景色为黑色，在人物眼球上涂抹，显示眼球原来的色彩，如图 3-101 所示。

STEP 07 按 Ctrl+D 组合键取消选区。同上述操作方法，制作另一只眼睛上的时尚眼影，如图 3-102 所示。

图 3-101　添加蒙版

图 3-102　绘制眼影

STEP 08 新建图层。选择工具箱中的"椭圆选框"工具 ○，在人物脸颊处创建选区，按 Shift+F6 组合键羽化 15 像素，填充洋红色，设置其不透明为 12%，效果如图 3-103 所示。

STEP 09 新建图层。选择工具箱中的"钢笔"工具 ✎，在人物嘴唇上创建选区，按 Ctrl+Enter 组合键将路径转为选区，按 Shift+F6 组合键羽化 40 像素，填充洋红色,设置混合模式为"柔光"、不透明度为 60%，如图 3-104 所示。

图 3-103　绘制腮红

图 3-104　最终效果

技巧：填充渐变颜色时，按住 Shift 键拖动鼠标，可创建水平、垂直或以 45 度角为增量的渐变。

038. 烟熏眼影特技画法

在彩妆中，烟熏妆是最具有诱惑力的妆容，它能让眼睛变得深邃迷人，增添妩媚感，如果你不甘于平凡，不妨尝试一下使用 Photoshop 为自己画一个烟熏妆，这绝不是一件难事。

文件路径：素材\第 3 章\038

视频文件：MP4\第 3 章\038.mp4

STEP 01 启动 Photoshop CC 程序后，执行"文件"|"打开"命令，弹出"打开"对话框，选择本书配套光盘中"第 3 章\038\038.jpg"文件，单击"打开"按钮，如图 3-105 所示。

STEP 02 在工具箱中单击前景色，用拾色器的吸管吸取如图 3-106 所示的颜色。

STEP 03 选择工具箱中的"渐变"工具 ，在工具选项栏中打开"渐变编辑器"对话框，在弹出的对话框中设置相关的渐变颜色条，如图 3-107 所示。

图 3-105 打开文件   图 3-106 设置前景色   图 3-107 "渐变编辑器"对话框

STEP 04 选择图层面板下方的"创建新图层"按钮 ，新建图层。按下"径向渐变"按钮 ，从眼球中心往四周边拖曳鼠标，填充径向渐变，如图 3-108 所示。

STEP 05 设置该图层的混合模式为"叠加"，此时图像效果如图 3-109 所示。选择工具箱中的"橡皮擦"工具 ，在人物的眼球上涂抹，擦除遮盖眼球的渐变色，如图 3-110 所示。

图 3-108 填充渐变   图 3-109 设置混合模式   图 3-110 擦除图像

STEP 06 选择图层面板下方的"创建新的填充或调整图层"按钮 ，创建"色相/饱和度"调整图层，在弹出的对话框中调整"色相"和"饱和度"的数值，按 Ctrl+Alt+G 组合键创建剪贴蒙版，

STEP 07 更改烟熏妆的色调，如图 3-111 所示。

图 3-111 最终效果

039. 炫彩眼影特技画法

眼影是最能表现出整体彩妆的效果，所有很多化妆师在化妆时，把眼影的色彩发挥到了极致。眼睛是心灵的窗口，而眼影的灵活应用，会把这个窗口装扮得更加绚丽，更加动人！眼影刻画的位置主要集中在眼睛四周，所以在做选区时这个位置是首选，渐变的颜色配合图层模式的混合，很容易就能在短时间内刻画出绚丽的眼影效果。

文件路径：素材\第 3 章\039

视频文件：MP4\第 3 章\039. mp4

STEP 01 启动 Photoshop CC 程序后，执行"文件"|"打开"命令，弹出"打开"对话框，选择本书配套光盘中"第 3 章\039\039.jpg"文件，单击"打开"按钮，如图 3-112 所示。

STEP 02 选择工具箱的"套索"工具 ，在眉毛下方和睫毛的上方，也就是眼皮的位置创建一个选区，按 Shift+F6 羽化 30 像素，如图 3-113 所示。

STEP 03 选择工具箱中的"渐变"工具 ，在工具选项栏中打开"渐变编辑器"对话框，在弹出的对话框中设置相关的渐变颜色条，如图 3-114 所示。

图 3-112　打开文件

图 3-113　创建选区

图 3-114　"渐变编辑器"对话框

STEP 04 选择图层面板下的"创建新图层"按钮 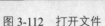，新建图层。按下"线性渐变"按钮▣，从选区的左边往右边拖曳鼠标，填充线性渐变，如图 3-115 所示。

STEP 05 执行"图像"|"调整"|"色相/饱和度"命令，或按 Ctrl+U 组合键，在打开的"色相/饱和度"对话框中调整数值，设置其混合模式为"叠加"，如图 3-116 所示。

STEP 06 同上述操作方法，在下眼皮的位置创建选区，羽化 30 像素，如图 3-117 所示。

图 3-115　填充渐变

图 3-116　"色相/饱和度"对话框

图 3-117　创建选区

STEP 07 新建图层，继续用上次设置好的渐变颜色在选区内拉出渐变色，按 Ctrl+U 组合键，打开"色相/饱和度"对话框，设置相关参数，混合模式为"叠加"，如图 3-118 所示。

STEP 08 按住 Ctrl 键单击图层 1，载入选区。选择"背景"图层，按 Ctrl+J 组合键复制"背景"图层，如图 3-119 所示。

图 3-118　"色相/饱和度"对话框

图 3-119　图层面板

技 巧：　使用"样式"面板中的样式时，如果当前图层中添加了效果，则新效果会替换原有的效果。如果要保留原有效果，可以按 Shift 键单击"样式"面板中样式。

STEP 09 将其他图层前面的眼睛点去，只保留图层 3。执行"图像"|"调整"|"色相/饱和度"命令，或按 Ctrl+U 组合键，在打开的"色相/饱和度"对话框中调整数值，如图 3-120 所示。

STEP 10 执行"滤镜"|"杂色"|"添加杂色"命令，在弹出的对话框中设置相关参数，如图 3-121 所示。

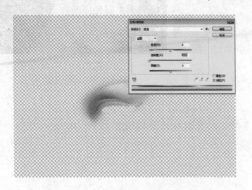

图 3-120　"色相/饱和度"对话框

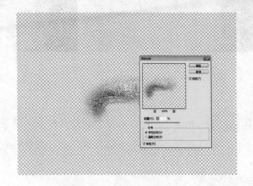

图 3-121　"添加杂色"对话框

STEP 11 设置该图层混合模式为"叠加"、不透明度为 50%，点开其他图层的眼睛。执行"图像"|"调整"|"曲线"命令，或按 Ctrl+M 组合键，适当调整 RGB 通道参数，让眼影的颗粒感增强，如图 3-122 所示。

STEP 12 选择工具箱中"钢笔"工具，在眼线出创建路径，按 Ctrl+Enter 组合键将路径转换为选区。选中"背景"图层，执行"图像"|"调整"|"曲线"命令，按 Ctrl+M 组合键，打开"曲线"对话框，设置相关参数，调整眼线的色调，如图 3-123 所示。

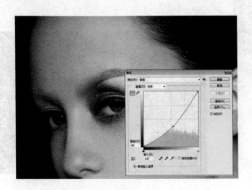

图 3-122　"曲线"对话框

图 3-123　"曲线"对话框

技巧：创建填充图层或调整图层后，也可以执行"图层"|"图层内容选项"命令，重新打开填充或调整对话框，修改选项和参数。

STEP 13 新建图层。选择"椭圆选框"工具，在睫毛上创建选区，填充白色，如图 3-124 所示。

STEP 14 执行"窗口"|"样式"命令，打开"样式"面板，在面板中选择"过喷（文字）"效果，此时图像效果如图 3-125 所示。

STEP 15 同上述操作方法，为另一只眼睛也添加相同的眼影效果，如图 3-126 所示。

图 3-124　绘制白圆

图 3-125　添加样式

图 3-126　最终效果

技巧：删除"样式"面板中的样式或载入其他样式库后，如果想要让面板恢复为 Photoshop 默认的预设样式，可以执行"样式"面板菜单中的"复位样式"命令。

040. 消除眼睛红血丝

　　形成红血丝的原因有很多，比如气候环境因素、滥用化妆用品、光线太强等。在人像作品中往往也有红血丝出现的可能，让眼神显得疲惫，画面效果大打折扣。

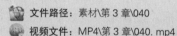
文件路径：素材\第 3 章\040
视频文件：MP4\第 3 章\040.mp4

STEP 01 启动 Photoshop CC 程序后，执行"文件"|"打开"命令，弹出"打开"对话框，选择本书配套光盘中"第 3 章\040\040.jpg"文件，单击"打开"按钮，如图 3-127 所示。

STEP 02 按 Ctrl+J 组合键，在"图层"面板中复制"背景"图层，得到"图层 1"。选择图层面板下方的"创建新的填充或调整图层"按钮，创建"可选颜色"调整图层，在颜色下拉列表中调整"红"、"黄"通道的参数，如图 3-128 所示。

图 3-127　打开文件

STEP 03 在"图层"面板中选择"选取颜色 1"图层蒙版缩略图，为蒙版填充黑色，遮盖调整图层效果。选择"画笔"工具 ，设置前景色为白色，不透明度为 50%，在人物眼球区域进行涂抹，显示调整图层效果，校正眼球的颜色，如图 3-129 所示。

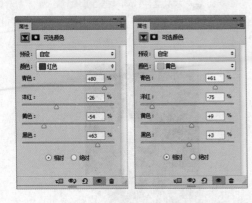

图 3-128 "可选颜色"调整图层

图 3-129 添加蒙版

STEP 04 载入"选取颜色 1"图层蒙版为选区，创建"色阶"调整图层，在弹出的对话框中拖到各个滑块位置，调整眼球区域的明暗对比度，让人物眼睛更加的明亮，如图 3-130 所示。

STEP 05 选择工具箱中的"海绵"工具 ，设置工具选项中"模式"为"去色"，"流量"为 30%。选择"背景"图层，在人物眼白出涂抹，去除红色，如图 3-131 所示。

图 3-130 "色阶"调整图层

图 3-131 最终效果

技巧：创建调整图层时，如果图像中有选区，则选区会转换到填充图层的蒙版中，使填充图层只影响选中的图像。

041 跟眼袋说 byebye

眼袋又称睑袋，是下睑部组织臃肿膨隆或松弛后形成的常见生理现象。本实例就来讲解如何去除困扰我们的眼袋，让我们的眼睛变得大而明亮。

文件路径：素材\第 3 章\041

视频文件：MP4\第 3 章\041.mp4

STEP 01 启动 Photoshop CC 程序后，执行"文件"|"打开"命令，弹出"打开"对话框，选择本书配套光盘中"第 3 章\041\041.jpg"文件，单击"打开"按钮，如图 3-132 所示。

STEP 02 按 Ctrl+J 组合键复制图层。选择工具箱中的"修补"工具 ，在工具选项栏中选择"源"选项，在眼袋处单击并拖动鼠标创建选区，将眼袋选取，如图 3-133 所示。

STEP 03 将光标放在选区内，向下拖至没有褶皱的皮肤上，如图 3-134 所示。

图 3-132 打开文件   图 3-133 创建选区   图 3-134 移动选区

STEP 04 放开鼠标后可修复选区内的皮肤，如图 3-135 所示。

STEP 05 按 Ctrl+D 组合键取消选区。选择工具箱中的"修补"工具 ，在工具选项栏中选择"源"，在眼袋处单击并拖动鼠标创建选区，将眼袋选取，如图 3-136 所示。

STEP 06 将光标放置在选区内，当光标变为 状时，拖曳鼠标即可修复图像，如图 3-137 所示。

技 巧：在"色彩平衡"对话框中勾选"保持亮度"复选框，可以在调节的过程中保持原图像的亮度。

图 3-135 修复眼袋　　　　　　图 3-136 选取眼袋　　　　　　图 3-137 修复眼袋

STEP 07 按 Ctrl+Shift+F 组合键，打开"渐隐"对话框，设置参数如图 3-138 所示。

STEP 08 单击"确定"按钮，按 Ctrl+D 组合键取消选择，此时图像效果如图 3-139 所示。

STEP 09 同上述方法修补左眼眼袋，如图 3-140 所示。

图 3-138 "渐隐"对话框　　　　图 3-139 图像效果　　　　图 3-140 修复眼袋

STEP 10 选择"创建新的填充或调整图层"按钮，创建"曲线"调整图层，在弹出的对话框中调整 RGB 通道和蓝通道参数，如图 3-141 所示。

STEP 11 选择"创建新的填充或调整图层"按钮，创建"色彩平衡"调整图层，在弹出的对话框中调整"阴影"和"高光"选项的参数，如图 3-142 所示

图 3-141 "曲线"调整图层　　　　　　图 3-142 最终效果

▶打造精致小鼻子   ▶塑造挺拔鼻梁

▶打造纤细的鼻梁   ▶塑造精致眉形

▶巴洛克式浓眉

第4章
至善至美——修饰鼻子和眉毛

　　鼻子和眉毛同样是五官中的重要器官。眉毛就像是窗帘，可以遮挡外面的任何异物；而鼻子就像是感应器，可以感应外面一切的新鲜事物。本章主要针对人像照片中的鼻子和眉毛区域进行处理，通过制作精致小鼻子、塑造挺拔鼻梁、塑造精致眉型、巴洛克式浓眉等案例的分析和处理，详细介绍了"褶皱"工具、变形命令、图层混合模式等工具的使用方法，利用本章介绍的相关处理方法和工具，可以轻松地为人物修饰出精致的眉形、挺拔的鼻梁等，使照片人物更加漂亮，有气质。

042 打造精致小鼻子

精致的小鼻子会让照片显得秀气且轮廓清晰，对于天生就大而偏平的鼻子，在后期的处理中可通过鼻子的变形，来打造不一样的精致小鼻子，展现出小而挺的鼻子。

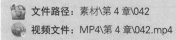

文件路径：素材\第 4 章\042
视频文件：MP4\第 4 章\042.mp4

STEP 01 启动 Photoshop CC 程序后，执行"文件"|"打开"命令，弹出"打开"对话框，选择本书配套光盘中"第 4 章\042\042..jpg"文件，单击"打开"按钮，如图 4-1 所示。

STEP 02 选择工具箱中的"套索"工具 ，在鼻子上创建如图 4-2 所示的选区。

图 4-1 打开文件

图 4-2 创建选区

STEP 03 执行"选择"|"修改"|"羽化"命令，或按 Shift+F6 组合键，在弹出的"羽化选区"对话框中设置"羽化半径"为 5 像素，如图 4-3 所示。

STEP 04 单击"确定"按钮，关闭对话框。按 Ctrl+J 组合键，复制选区内的图像到新的图层，执行"编辑"|"自由变换"命令，或按 Ctrl+T 组合键显示定界框，如图 4-4 所示。

STEP 05 将光标放在定界框中间的控制点上，当光标变为 ↔ 状时，单击拖动鼠标缩小鼻子区域，如图 4-5 所示。

STEP 06 同样方法，将另一边的鼻子也进行缩放处理，如图 4-6 所示。

图 4-3 "羽化选区"对话框

图 4-4 显示定界框

图 4-5 缩放图像

图 4-6 缩放图像

STEP 07 按下回车键确认该操作，按 Ctrl+E 组合键，合并可见图层，此时图像效果如图 4-7 所示。

STEP 08 选择工具箱中的"仿制图章"工具，设置工具选项栏中的"模式"为"正常"，"不透明度"为 50%、"流量"为 100%，在"背景"图层有重影的鼻子处取样单击，修复有重影的鼻子，如图 4-8 所示。

图 4-7 取消选区

图 4-8 修复鼻子

STEP 09 选择工具箱中的"加深"工具，设置工具选项栏中的"范围"为"中间调"，"曝光度"为 20%，在鼻子两侧进行涂抹，加深鼻梁的挺拔度，如图 4-9 所示。

STEP 10 选择工具箱中的"减淡"工具，设置工具选项栏中的"范围"为"中间调"，"曝光度"为 10%，在鼻梁上涂抹，加强鼻子的高光区域，如图 4-10 所示。

图 4-9　加深鼻子　　　　　　　　　　　　图 4-10　最终效果

技巧：　在 Photoshop 的工具箱中，常用的工具都有相应的组合键。因此，我们可以通过按下组合键来选区工具。如果需要查看组合键，可将光标放在一个工具上并停留片刻，就会显示工具名称和组合键的信息。按下 Shift+工具组合键，可在一组隐藏的工具中循环选择各个工具。

043。塑造挺拔鼻梁

在人像摄影中，人物的鼻子起着至关重要的作用，鼻子的挺拔可以提升人物面部整体的立体感。人物的鼻子又匾又塌时，这就需要 Photoshop 后期的处理，通过"减淡"工具与"加深"工具的结合，让人物的鼻子变得挺拔并能很好地烘托五官。

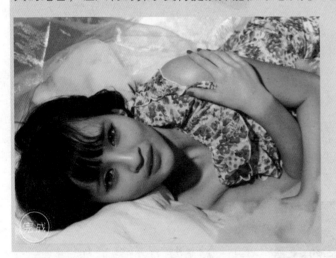

文件路径：素材\第 4 章\043

视频文件：MP4\第 4 章\043.mp4

STEP 01 启动 Photoshop CC 程序后，执行"文件"|"打开"命令，弹出"打开"对话框，选择本书配套光盘中"第 4 章\043\043.jpg"文件，单击"打开"按钮，如图 4-11 所示。

STEP 02 按 Ctrl+J 组合键，在"图层"面板中复制"背景"图层，得到副本图层。选择工具箱中的"加深"工具，在其选项栏中单击画笔大小选项的下拉列表，在打开的"画笔预设"拾取器中选择一个柔边圆笔尖，并设置各项参数，如图 4-12 所示。

STEP 03 按 Ctrl++组合键放大图像。使用"加深"工具在人物鼻梁两侧涂抹，加深鼻梁两则，如图 4-13 所示。

图 4-11　打开文件

图 4-12　"加深工具"参数

图 4-13　加深鼻梁

STEP 04 选择工具箱中的"减淡"工具，在其选项栏中单击画笔大小选项的下拉列表，在打开的"画笔预设"拾取器中选择一个柔边笔尖，并设置各项参数，如图 4-14 所示。

STEP 05 使用"减淡"工具在人物鼻梁上方涂抹，加深鼻子上高光区域，让鼻子变得更加的挺拔，如图 4-15 所示。

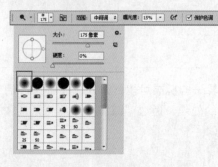
图 4-14　"减淡工具"参数

图 4-15　最终效果

044. 打造纤细的鼻梁

　　为了让人物鼻子与脸型、五官协调，可以将肥大的鼻梁缩小为纤细的鼻梁，实例选用的素材中，人物的鼻子过于肥大，通过"液化"滤镜中的工具对鼻子进行收拢变形，让鼻子显得纤细，以小脸型配合更显人物的精致。

文件路径：素材\第 4 章\044
视频文件：MP4\第 4 章\044.mp4

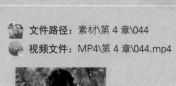

STEP 01 启动 Photoshop CC 程序后，执行"文件"|"打开"命令，弹出"打开"对话框，选择本书配套光盘中"第 4 章\044\044.jpg"文件，单击"打开"按钮，如图 4-16 所示。

STEP 02 按 Ctrl+J 组合键，在"图层"面板中复制"背景"图层，得到"图层 1"，如图 4-17 所示。

STEP 03 按 Ctrl++组合键放大图像。执行"滤镜"|"液化"命令，或按 Ctrl+Shift+X 组合键打开"液化"对话框，如图 4-18 所示。

图 4-16　打开文件　　　　图 4-17　图层面板　　　　　图 4-18　"液化"对话框

STEP 04 在对话框中勾选"高级模式"选项，选择工具选项栏中的"冻结蒙版"工具 ，在"画笔大小"下拉列表中输入 150、"画笔密度"下拉列表中输入 30、"画笔压力"下拉列表中输入 100，如图 4-19 所示。

STEP 05 在人物鼻子周围拖曳光标，将图像中人物鼻子周围区域保护起来，如图 4-20 所示。

图 4-19　设置参数　　　　　　　　　　　图 4-20　冻结蒙版

STEP 06 选择工具选项栏中的"向前变形"工具 ，在人物鼻子两侧向内拖动光标，缩小鼻子，如图 4-21 所示。单击"确定"按钮，关闭对话框，此时图像效果如图 4-22 所示。

STEP 07 选择工具箱中的"钢笔"工具 ，设置工具选项栏中的"工具模式"为"路径"，在图像窗口中沿着人物鼻梁部位绘制封闭路径，如图 4-23 所示。

STEP 08 在"路径"面板中，单击鼠标右键，在弹出的对话框中选择"建立选区"选项，如图 4-24 所示。

图 4-21　缩小鼻子　　　　　　　　　　　　　　　　图 4-22　图像效果

STEP 09 在弹出的"建立选区"对话框中，输入"羽化半径"为 7 像素，如图 4-25 所示。

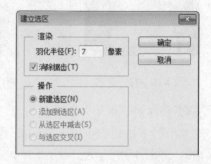

图 4-23　绘制路径　　　　　　图 4-24　建立选区　　　　图 4-25　"建立选区"对话框

STEP 10 执行"滤镜"|"液化"命令，在弹出的"液化"对话框中选择"褶皱"工具，设置"画笔大小""画笔密度""画笔速率"的数值，如图 4-26 所示。在鼻梁处单击，单击处会自动地进行褶皱处理，让鼻梁的轮廓更加明显，如图 4-27 所示。

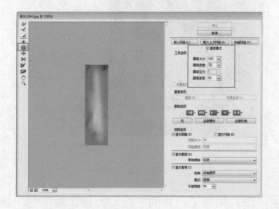
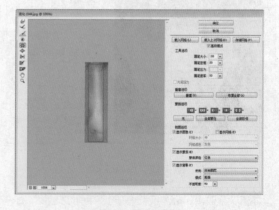

图 4-26　设置参数　　　　　　　　　　　　　　　　图 4-27　褶皱处理

技巧：　如果菜单中的某些命令显示为灰色，表示它们在当前状态下不能使用。例如，在没有创建选区的情况下，"选择"菜单中的多数命令都不能使用。此外，如果一个命令的名称右侧有"…"状符号，则表示执行该命令时会弹出一个对话框。

STEP 11 单击"确定"按钮,关闭对话框,此时图像效果如图 4-28 所示。

STEP 12 按 Ctrl+Shift+F 组合键,打开"渐隐"对话框,设置"渐隐"的不透明度,让鼻梁的轮廓和人物融合自然,如图 4-29 所示。

STEP 13 同上述操作方法,为另一边的鼻梁轮廓进行褶皱处理,图像效果如图 4-30 所示。

图 4-28　图像效果　　　　　图 4-29　"渐隐"对话框　　　　　图 4-30　最终效果

技 巧：如果当前图像中有选区存在,则使用选框、套索和魔棒工具继续创建选区时,按住 Shift 键可以在当前选区上添加选区,相当于按下添加到选区按钮█；按住 Alt 键可以在当前选区中减去绘制的选区,相当于按下从选区减去按钮█；按住 Shift+Alt 组合键可以得到与当前选区相交的选区,相当于按下与选区交叉按钮█。

045. 塑造精致眉形

　　眉毛是人像照片修饰中不可忽视的一部分,可让人物眼睛区域更显完整,产生更加专业的效果。素材选用的照片中人物一边的眉毛显得杂乱,可以通过钢笔工具绘制需要的眉毛形态,在特定区域内修饰出漂亮的眉形,让人物的整容更加精致。

文件路径：素材\第 4 章\045

视频文件：MP4\第 4 章\045.mp4

STEP 01 启动 Photoshop CC 程序后,执行"文件"|"打开"命令,弹出"打开"对话框,选择本书配套光盘中"第 4 章\045\045.jpg"文件,单击"打开"按钮,如图 4-31 所示。

STEP 02 按 Ctrl+J 组合键，在"图层"面板中复制"背景"图层，得到"图层 1"。选择工具箱中的"钢笔"工具 ✐，设置工具选项栏中"工具模式"为"路径"，在人物左侧眉毛边缘绘制路径，绘制出眉毛的轮廓形状，如图 4-32 所示。

图 4-31　打开文件　　　　　　　　　　　　　　　　图 4-32　绘制路径

STEP 03 按 Ctrl+Enter 组合键，将路径转换为选区，如图 4-33 所示。

STEP 04 执行"选择"|"修改"|"羽化"命令，或按 Shift+F6 组合键，在弹出的"羽化选区"对话框中设置羽化半径为 2 像素，如图 4-34 所示。

图 4-33　转换为选区　　　　　　　　　　　　　图 4-34　"羽化选区"对话框

STEP 05 选择工具箱中的"仿制图章"工具 ▣，使用该工具在人物眉毛上进行取样，然后在选区内单击修正眉毛，如图 4-35 所示。

STEP 06 按 Ctrl+Shift+I 组合键，反向选区。使用"仿制图章"工具 ▣ 在人物眉毛边缘皮肤上进行取样，然后单击修复眉毛边缘多余眉毛，如图 4-36 所示。

STEP 07 按 Ctrl+D 组合键取消选区，可以看到修饰后的眉毛，如图 4-37 所示。

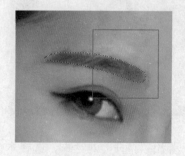

图 4-35　仿制图章取样　　　　图 4-36　仿制图章取样　　　　图 4-37　图像效果

STEP 08 同上述操作方法，继续修饰另一支眉毛的眉形，如图 4-38 所示。

STEP 09 选择工具箱中的"套索"工具 ，在右侧眉毛取样绘制选区，如图 4-39 示。

STEP 10 按 Ctrl+J 组合键，复制选区内图像，设置其不透明度为 60%，将复制的眉毛图像调整到人物左则眉毛区域，如图 4-40 所示。

图 4-38　修饰眉毛

图 4-39　创建选区

图 4-40　最终效果

046. 巴洛克式浓眉

　　巴洛克一词的原意是奇异古怪，古典主义者用它来称呼这种被认为是离经叛道的建筑风格。本案例就利用图层的混合模式来制作巴洛克式的浓眉，让眉毛变得浓密而具有非主流感。

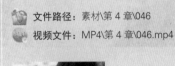

📁 文件路径：素材\第 4 章\046
🎬 视频文件：MP4\第 4 章\046.mp4

STEP 01 启动 Photoshop CC 程序后，执行"文件"|"打开"命令，弹出"打开"对话框，选择本书配套光盘中"第 4 章\046\046.jpg"文件，单击"打开"按钮，如图 4-41 所示。

STEP 02 同上述"塑造精致眉形"的操作方法，将人物的眉毛进行修正，如图 4-42 所示。

STEP 03 选择工具箱中的"钢笔"工具 ，设置工具选项栏中"工具模式"为"路径"，在人物眉毛边缘绘制路径，绘制出眉毛的轮廓形状，效果如图 4-43 所示。

图 4-41　打开文件　　　　　　　图 4-42　修整眉形　　　　　　　图 4-43　创建路径

STEP 04 按 Ctrl+Enter 组合键，将路径转换为选区。执行"选择"|"修改"|"羽化"命令，或按 Shift+F6 组合键，在弹出的"羽化选区"对话框中设置羽化半径为 20 像素，如图 4-44 所示。

STEP 05 按 Ctrl+J 组合键，复制选区内图像，设置混合模式为"正片叠底"、不透明度为 70%，如图 4-45 所示。

STEP 06 结合"加深"工具 及"减淡"工具 在人物眉毛上涂抹，让眉毛的浓度更加自然，如图 4-46 所示。

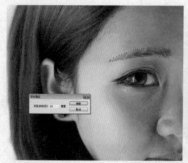  

图 4-44　羽化选区　　　　　　　图 4-45　设置混合模式　　　　　　图 4-46　最终效果

技巧：执行"图像"|"调整"菜单中的命令，以及"滤镜"菜单中的滤镜时，都会打开相应的对话框，当我们修改参数以后，如果想要恢复默认值，可以按住 Alt 键，对话框中的"取消"按钮就会变为"复位"按钮，单击它即可。

▶ 打造樱桃小口　　　　▶ 打造性感厚唇

▶ 滋润干燥双唇　　　　▶ 创建有光泽的嘴唇

▶ 调整唇彩　　　　　　▶ 打造绚丽唇彩

▶ 添加珠光唇彩　　　　▶ 美白牙齿

▶ 修补牙齿

第 5 章
娇嫩欲滴——修饰唇部

　　人物面部五官中嘴唇是最具有吸引力的部分之一，漂亮的嘴唇可为人物形象加分。本章主要讲解了人像照片中嘴唇部位的修饰方法和技巧，通过使嘴唇变厚、改变嘴唇的色彩、打造漂亮的嘴唇等案例的分析和处理，详细地讲解了"变形"命令、调整图层、选择工具、混合模式等常用命令的使用方法，利用本章介绍的相关处理方法和工具，可以为人像打造完美的嘴形并可为其添加多彩唇膏效果。

047. 打造樱桃小口

在古代的诗句中形容面容姣好的女子都有一个樱桃小口,说明从古代开始樱桃小口就是美女的标志。实例选用的素材中,人物下嘴唇偏厚,在后期处理中可利用变形网格的编辑,将选区出的嘴唇区域进行变形操作,再利用仿制图章工具,修复嘴唇边缘,让嘴巴显得小巧,与脸型配合更显人物的精致。

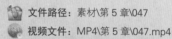

文件路径:素材\第 5 章\047
视频文件:MP4\第 5 章\047.mp4

STEP 01 启动 Photoshop CC 程序后,执行"文件"|"打开"命令,弹出"打开"对话框,选择本书配套光盘中"第 5 章\047\047.jpg"文件,单击"打开"按钮,如图 5-1 所示。

STEP 02 按 Ctrl++组合键放大图像,按 Ctrl+J 组合键复制"背景"图层,得到"图层 1",如图 5-2 所示。

STEP 03 选择工具箱中的"以快速蒙版编辑"工具 ,或按键盘上的 Q 键,进入快速蒙版编辑状态。选择工具箱中的"画笔"工具 ,在人物上嘴唇上涂抹,如图 5-3 所示。

图 5-1　打开文件　　　　图 5-2　创建选区　　　　图 5-3　"羽化选区"对话框

STEP 04 再次按 Q 键,退出快速蒙版编辑状态,此时图像效果如图 5-4 所示。

技巧: 在拍摄风光时,要注意画面是否倾斜,而且广角镜头容易导致画面的变形,这种时候可使用相机提供的网格来使画面水平,在构图前先保证画面的水平是非常重要的。

STEP 05 执行"选择"|"反向"命令，或按 Ctrl+Shift+I 组合键，将选区进行反选。按 Shift+F6 组合键，打开"羽化选区"对话框，如图 5-5 所示。

STEP 06 选择图层面板下的"创建新的填充或调整图层"按钮，创建"色相/饱和度"调整图层，在弹出的对话框调整"色相""饱和度""明度"的数值，让变黑的嘴唇恢复如下嘴唇的漂亮色彩，如图 5-6 所示。

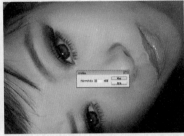

图 5-4　显示定界框　　　　　图 5-5　羽化图像　　　　　图 5-6　"色相/饱和度"参数

STEP 07 选择工具箱中的"画笔"工具，适当降低其不透明度，在上嘴唇的边缘进行涂抹，减弱太亮的区域，如图 5-7 所示。

STEP 08 选择工具箱中的"套索"工具，在人物上创建如图 5-8 所示的选区。

STEP 09 按 Shift+F6 组合键，打开"羽化选区"对话框，设置"羽化半径"为 20 像素。在"图层"面板中选择"图层 1"图层，按 Ctrl+J 组合键复制选区内的图像，如图 5-9 所示。

图 5-7　取消选区　　　　　　图 5-8　创建选区　　　　　图 5-9　复制图层

技巧：　在焦距和拍摄距离都相同的情况下，光圈直接影响着景深的大小。小景深可以使主体以外的陪体虚化，达到突出主体的效果；大景深可以让画面中所有元素都处于清晰状态。

STEP 10 按 Ctrl+T 组合键显示定界框，单击鼠标右键，在弹出的快捷菜单中选择"变形"选项，如图 5-10 所示。

STEP 11 此时图像上会显示变形网格，如图 5-11 所示。

STEP 12 将四个角上的锚点向嘴唇方向拖动，缩小嘴角的大小，如图 5-12 所示。

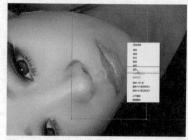

图 5-10 "变形"选项

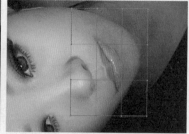

图 5-11 显示网格

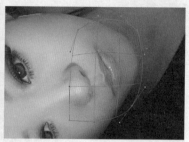

图 5-12 缩小嘴角

STEP 13 拖动左右两侧锚点上的方向点，使图像向内收缩，如图 5-13 所示。

STEP 14 按下回车键确认变形操作，此时图像效果如图 5-14 所示。

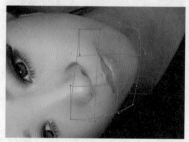

图 5-13 缩小嘴唇

图 5-14 图像效果

图 5-15 取样

STEP 15 选中"图层 1"图层。选择工具箱中的"仿制图章"工具 ，将光标放在嘴唇的下方按住 Alt 键进行取样，如图 5-15 所示。然后放开 Alt 键在嘴唇处有重影的区域进行涂抹，将重影的嘴唇遮盖住，如图 5-16 所示。

STEP 16 同上述操作方法，在嘴唇有重影和下巴有重影的区域进行修复，如图 5-17 所示。

STEP 17 执行"视图"|"按屏幕大小缩放"命令，或按 Ctrl+0（数字）键，按照屏幕的大小将图像进行平铺，图像效果如图 5-18 所示。

图 5-16 遮盖重影

图 5-17 修复重影

图 5-18 最终效果

技巧： 在照片的拍摄中，色彩是不可缺少的部分，而在拍摄时，多数拍摄者都不会注意所取景象的色彩层次和分布，这也是导致照片显得色彩单调、呆板的重要原因之一。因此在拍摄前对景物的选取尤为重要，尽量选择一些色彩丰富，并且具有远近关系色彩倾向的景物进行拍摄。

048. 打造性感厚唇

随着时代的进步，人们的审美观也随之变更，古代以樱桃小嘴为美，而现代则以丰厚为性感，你是否也向往舒淇式的性感嘴唇，而且讨厌自己的嘴唇过薄呢？别懊恼，薄嘴唇可以通过 Photoshop 中的"液化"命令使嘴唇变得饱满而性感。

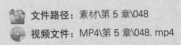

文件路径：素材\第 5 章\048
视频文件：MP4\第 5 章\048. mp4

STEP 01 启动 Photoshop CC 程序后，执行"文件"|"打开"命令，弹出"打开"对话框，选择本书配套光盘中"第 5 章\048\048.jpg"文件，单击"打开"按钮，如图 5-19 所示。

STEP 02 按 Ctrl++组合键放大图像，按 Ctrl+J 组合键复制"背景"图层，得到"图层 1"。执行"滤镜"|"液化"命令，打开"液化"命令对话框，如图 5-20 所示。

图 5-19　打开文件

图 5-20　"液化"命令对话框

STEP 03 按 Ctrl++组合键放大图像。在打开的"液化"对话框中选择"膨胀"工具，在右侧工具选项中可设置画笔的各种参数，如图 5-21 所示。

STEP 04 将"膨胀"工具 放在人物嘴唇上单击，将人物的嘴唇进行膨胀，让嘴唇变厚，如图 5-22 所示。

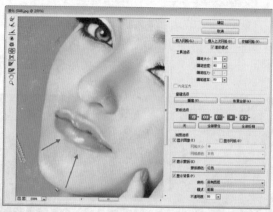

图 5-21 设置参数

图 5-22 膨胀嘴唇

STEP 05 单击"确定"按钮，关闭对话框，此时图像效果如图 5-23 所示。

STEP 06 按 Ctrl+Shift+F 组合键，在弹出的"渐隐"对话框中设置"渐隐"不透明度，让嘴唇更加的自然，如图 5-24 所示。

图 5-23 图像效果

图 5-24 最终效果

技巧：在拍摄雪景时，会出现在相机上显示曝光正确，但是实际拍出来的效果却是灰色的雪的情况，因此在拍摄时要增加 1-2 档的曝光，同时使用光影的对比，让雪更有层次感。

049. 滋润干燥双唇

嘴唇干燥是很普遍的现象，尤其在干燥的季节尤为明显。在实例素材选用的照片中，人物的嘴唇过于干燥而显得整张照片都失去了亮点，在后期处理中可利用"滤镜"中的"塑料包装"让嘴唇瞬间滋润起来，显得嘴唇饱满，有光泽。

文件路径：素材\第 5 章\049

视频文件：MP4\第 5 章\049. mp4

STEP 01 启动 Photoshop CC 程序后，执行"文件"|"打开"命令，弹出"打开"对话框，选择本书配套光盘中"第 5 章\049\049.jpg"文件，单击"打开"按钮，如图 5-25 所示。

STEP 02 选择工具箱中的"钢笔"工具 ✐ ，设置工具选项栏中的"工具模式"为"路径"，在人物嘴唇上绘制路径，如图 5-26 所示。按 Ctrl+Enter 组合键，将路径转换成选区，按 Shift+F6 组合键，在弹出的"羽化选区"对话框中设置"羽化半径"为 10 像素，如图 5-27 所示。

图 5-25 打开文件

图 5-26 绘制路径

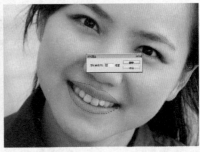

图 5-27 "羽化"对话框

STEP 03 按 Ctrl+J 组合键复制选区内的图像。执行"图像"→"调整"→"亮度/对比度"命令，在打开的对话框中设置"亮度"与"对比度"的参数，让嘴唇的色彩更加饱满，如图 5-28 所示。

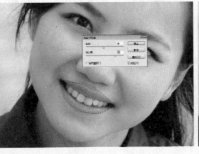

图 5-28 设置参数

图 5-29 设置混合模式

STEP 04 单击"确定"按钮，关闭对话框。按 Ctrl+J 组合键复制"图层 1"，生成"图层 1 复制"。隐藏"图层 1 复制"图层，选择"图层 1"图层，设置该图层混合模式为"颜色加深"、不透明度为 30%，如图 5-29 所示。

STEP 05 执行"滤镜"→"模糊"→"高斯模糊"命令，在弹出的对话框中设置相关参数，减少嘴唇的纹理，如图 5-30 所示。

STEP 06 显示并选择"图层 1 复制"，设置混合模式为"滤色"，不透明度为 80%，如图 5-31 所示。

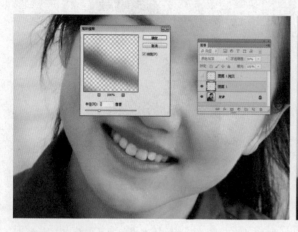

图 5-30　"高斯模糊"对话框

图 5-31　更改混合模式

STEP 07 执行"滤镜" | "艺术效果" | "塑料包装"命令，在打开的对话框中设置相关参数，单击"确定"按钮关闭对话框，此时图像效果如图 5-32 所示。

STEP 08 选择图层面板下方的"添加图层蒙版"按钮 ，为该图层添加一个蒙版。选择"画笔"工具 ，涂抹黑色，将大部分区域隐藏，只显示嘴唇的高光和边缘的高亮区域，使嘴唇效果水润，如图 5-33 所示。

STEP 09 按 Ctrl+0（数字）组合键，还原图像实例尺寸，此时图像整体效果如图 5-34 所示。

图 5-32　"塑料包装"参数

图 5-33　添加蒙版

图 5-34　最终效果

技巧：在阳光较大的情况下进行拍摄，经常会出现照片曝光的情况。所谓曝光，主要指镜头光圈、机身快门和胶卷感光度之间的关系。因此，在阳光明媚的午后进行照片拍摄，就需要选择合适的角度，调整光圈的大小，避免光线过强造成照片曝光。

050. 创建有光泽的嘴唇

　　饱满而有光泽的嘴唇会突显人物的迷人气质，实例选用的素材中人物的嘴唇因为干燥而出现了许多的死皮，在后期处理中先要将这些死皮去除干净，然后才能为嘴唇添加饱满的高光，让嘴唇更有光泽度。

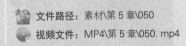
文件路径：素材\第 5 章\050
视频文件：MP4\第 5 章\050. mp4

STEP 01 启动 Photoshop CC 程序后，执行"文件"|"打开"命令，弹出"打开"对话框，选择本书配套光盘中"第 5 章\050\050.jpg"文件，单击"打开"按钮，如图 5-35 所示。

STEP 02 按 Ctrl++组合键放大图像。选择工具箱中的"修补"工具 ⊛，对人物嘴唇上多余的唇膏进行修饰，如图 5-36 所示。

STEP 03 选择工具箱中的"钢笔"工具 ⊘，设置工具选项栏中的"工具模式"为"路径"，在人物嘴唇上绘制路径。按 Ctrl+Enter 组合键，将路径转换成选区，按 Shift+F6 组合键，在弹出的"羽化选区"对话框中设置"羽化半径"为 5 像素如图 5-37 所示。

图 5-35　打开文件　　　　图 5-36　去除多余唇膏　　　　图 5-37　"羽化"选区

STEP 04 单击"确定"按钮关闭对话框，按 Ctrl+J 组合键复制选区内的图像。执行"图像"|"调整"|"阈值"命令，在弹出的对话框中设置相关参数，如图 5-38 所示。

STEP 05 设置该图层的混合模式为"滤色"、不透明度为 60%，设置后在图像窗口中可看到人物嘴唇区域出现白色的高光调效果，突显出光泽感的嘴唇，如图 5-39 所示。

图 5-38 "阈值"对话框　　　　　　　　　　　　图 5-39 设置混合模式

STEP 06 选择工具箱中的"橡皮擦"工具 🖊，适当降低其不透明度，在人物嘴唇高光区域涂抹，擦除部分亮光，如图 5-40 所示。

STEP 07 按住 Ctrl 键，单击"图层 1"载入嘴唇的选区。选择图层面板下方的"创建新的填充或调整图层"按钮 ◑，创建"色相/饱和度"调整图层，在弹出的对话框中设置相关参数，更改嘴唇的饱和度，如图 5-41 所示。

图 5-40 擦除多余高光区域　　　　　　　　　　图 5-41 最终效果

技巧：如果你想把你的作品打印成大尺寸的照片时，照片的尺寸不能大于数码图片的长宽像素各除以 200，如果你对作品要求很高，那么至少得除以 250。

051. 调整唇彩

"嘴唇不是用来说话，是用来性感！"这句源自法国名模口中的话，足可说明双唇对女人来说是何等重要。不同颜色的唇彩会带给人不一样的感觉，在后期处理中可以利用调整图层来调整唇彩的色彩及亮度，用鲜明的色彩突显人物的气质。

文件路径：素材\第 5 章\051

视频文件：MP4\第 5 章\051.mp4

STEP 01 启动 Photoshop CC 程序后，执行"文件"|"打开"命令，弹出"打开"对话框，选择本书配套光盘中"第 5 章\051\051.jpg"文件，单击"打开"按钮，如图 5-42 所示。

STEP 02 按 Ctrl++组合键放大图像。选择工具箱中的"磁性套索"工具 ，在人物嘴唇边缘单击，确定路径起点，沿嘴唇边缘移动

图 5-42 打开文件

图 5-43 创建选区

鼠标，出现带锚点的路径，闭合路径后自动创建出选区，将嘴唇区域选中，如图 5-43 所示，

STEP 03 选择工具选项中的"从选区减去"按钮 ，在人物的牙齿上创建选区，如图 5-44 所示。

STEP 04 执行"选择"|"修改"|"羽化"命令，或按 Shift+F6 组合键，在弹出的"羽化选区"对话框中设置羽化半径为 5 像素，如图 5-45 所示。

图 5-44 创建选区

图 5-45 羽化选区

STEP 05 选择图层面板下方的"创建新的填充或调整图层"按钮 ，创建"色相/饱和度"调整图层，在弹出的对话框中设置相关参数，更改嘴唇唇彩的色彩，如图 5-46 所示。

STEP 06 载入"色相/饱和度"图层蒙版为选区，创建"色阶"调整图层，在弹出的对话框中拖到各个滑块，增强嘴唇高光调效果，加强嘴唇的光照感，如图 5-47 所示。

图 5-46 "色相/饱和度"参数

图 5-47 最终效果

技 巧：在处理数码照片时，最普遍的法则是保证高光区曝光准确，低光区随他去。可是当处理负片，特别是彩色负片的时候，最好增曝一档。

052. 打造绚丽唇彩

对人像照而言，嘴唇可以说是仅次于眼睛的重要特征。单调的嘴彩总不如绚丽的嘴彩来得吸引人，可是偏偏不是每个人有高超的化妆技术，不过没关系，因为 Photoshop 就是最高明的化妆师。

文件路径：素材\第 5 章\052
视频文件：MP4\第 5 章\052. mp4

STEP 01 启动 Photoshop CC 程序后，执行"文件"|"打开"命令，弹出"打开"对话框，选择本书配套光盘中"第 5 章\052\052.jpg"文件，单击"打开"按钮，如图 5-48 所示。

STEP 02 按 Ctrl+J 组合键复制"背景"图层，得到"图层 1"。执行"滤镜"|"其他"|"高反差保留"命令，在弹出的对话框中设置相关参数，如图 5-49 所示。

STEP 03 单击"确定"按钮，关闭对话框，设置该图层混合模式为"叠加"，增加唇部的立体感，如图 5-50 所示。

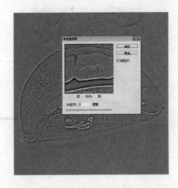

图 5-48　打开文件　　　　图 5-49　"高反差保留"对话框　　　　图 5-50　设置混合模式

STEP 04 选择图层面板下方的"创建图层组"按钮 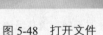，新建图层组。

STEP 05 选择图层面板下方的"创建新图层"按钮，新建图层。选择工具箱中的"矩形选框"工具，在图像中创建选区，设置前景色为青色（#009cd1），按 Alt+Delete 组合键填充前景色，如图 5-51 所示。

STEP 06 同上述绘制矩形框的操作方法，依次在图像中创建不同颜色的矩形条，如图 5-52 所示。

STEP 07 将图层组的混合模式设置为"颜色"，此时图像效果如图 5-53 所示。

图 5-51　绘制蓝色矩形条　　　图 5-52　绘制不同颜色的矩形条　　　图 5-53　设置混合模式

STEP 08 选择图层面板下方的"添加图层蒙版"按钮，为图层组添加一个蒙版。选择工具箱中的"钢笔"工具，设置工具选项栏中的"工具模式"为"路径"，在人物嘴唇上创建路径，如图 5-54 所示。

STEP 09 按 Ctrl+Enter 组合键，将路径转换成选区，按 Shift+F6 组合键，在弹出的"羽化选区"对话框中设置"羽化半径"为 10 像素，如图 5-55 所示。

STEP 10 单击"确定"按钮，关闭对话框。按 Ctrl+Shift+I 组合键，将选区进行反选，选中图层组的蒙版面板，填充黑色，效果如图 5-56 所示。

STEP 11 按 Ctrl+D 组合键取消选区。按住 Shift 键的同时选中所有矩形框图层，按 Ctrl+E 组合键合并图层，执行"滤镜"|"模糊"|"高斯模糊"命令，在弹出的对话框中设置相关参数，效果如图 5-57 所示。单击"确定"按钮，关闭对话框，此时图像效果如图 5-58 所示。

技巧：在使用人像模式时，拍摄者需注意取景角度和构图比例，使人物对象处于画面中的最佳位置，但是如果在室内拍摄，并使用了闪光灯，则应开启数码相机的防红眼功能。

图 5-54　创建路径

图 5-55　羽化选区

图 5-56　填充黑色

STEP 12 在"图层"面板中选中最上面的图层，按 Ctrl+Alt+Shift+E 组合键，盖印图层。执行"滤镜"|"锐化"|"USM 锐化"命令，在弹出的对话框中设置相关参数，如图 5-59 所示。

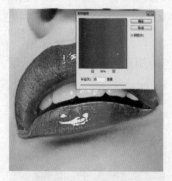

图 5-57　"高斯模糊"对话框

图 5-58　图像效果

图 5-59　最终效果

053. 添加珠光唇彩

在嘴唇的处理中，除了可以涂抹不同颜色的唇彩外，还可以添加上闪亮的珠光效果，让人物嘴唇显得更加特殊。在本实例通过"添加杂色"滤镜的特殊性为人物制作珠光唇彩，使原本平淡的照片添加唇彩后更艳丽，突出人物轮廓。

文件路径：素材\第 5 章\053

视频文件：MP4\第 5 章\053. mp4

STEP 01 启动 Photoshop CC 程序后，执行"文件"|"打开"命令，弹出"打开"对话框，选择本书配套光盘中"第 5 章\053\053.jpg"文件，单击"打开"按钮，如图 5-60 所示。

STEP 02 选择工具箱中的"减淡"工具 🔍，设置工具选项栏中的"曝光度"为 15%，在人物嘴角进行涂抹，将嘴唇肤色涂抹一致，如图 5-61 所示。

STEP 03 选择工具箱中的"以快速蒙版编辑"工具 🔲，或按 Q 键，进入快速蒙版编辑状态。选择工具箱中的"画笔"工具 🖊️，在人物上嘴唇上涂抹，如图 5-62 所示。

| 图 5-60　打开文件 | 图 5-61　减淡嘴唇 | 图 5-62　涂抹嘴唇 |

STEP 04 按 Q 键，退出快速蒙版编辑状态，此时图像效果如图 5-63 所示。

STEP 05 执行"选择"|"反向"命令，或按 Ctrl+Shift+I 组合键，将选区进行反选。按 Shift+F6 组合键，打开"羽化选区"对话框，设置"羽化半径"为 30 像素，如图 5-64 所示。

STEP 06 单击"确定"按钮关闭对话框，按 Ctrl+J 组合键复制选区内的图像。执行"滤镜"|"杂色"|"添加杂色"命令，在弹出的对话框中设置相关参数，如图 5-65 所示。

| 图 5-63　退出快速蒙版编辑状态 | 图 5-64　"羽化"选区 | 图 5-65　"添加杂色"对话框 |

STEP 07 单击"确定"按钮，关闭对话框。执行"图像"|"调整"|"色阶"命令，或按 Ctrl+L 组合键，在弹出的"色阶"对话框中设置参数，如图 5-66 所示。设置该图层的混合模式为"叠加"、不透明度为 70%,，此时图像效果如图 5-67 所示。

| 图 5-66　"色阶"对话框 | 图 5-67　设置图层混合模式 |

STEP 08 选择工具箱中的"橡皮擦"工具 ，适当降低其不透明度，在人物嘴唇高光区域涂抹，擦除部分珠光，如图 5-68 所示。

STEP 09 选择图层面板下方的"创建新的填充或调整图层"按钮 ，创建"色相/饱和度"调整图层，在弹出的对话框中设置相关参数，按 Ctrl+Alt+G 组合键创建剪贴蒙版，只更改嘴唇的饱和度，如图 5-69 所示。

STEP 10 设置该调整图层的混合模式为"强光"、不透明度为 75%，此时图像效果如图 5-70 所示。

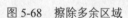

图 5-68　擦除多余区域　　　　图 5-69　"色相/饱和度"对话框　　　　图 5-70　最终效果

技巧：如果没有专业的数码单反相机，而是使用一般的数码相机拍摄夜景，最好不要使用夜景模式，而是使用自动程序拍摄模式，并将 ISO 感光度设置到最低值，这样曝光时间就会延长，因为曝光时间的长短决定了画面中车灯是否成为流动的线条，拍摄喷泉夜景时瀑布的柔滑程度。

054. 美白牙齿

黄牙形成的原因有很多种，比如抽烟、不注意口腔卫生、药物等，在本案例素材中，女孩子的牙齿整体发黄，这样不仅仅自身的美观，而却让人有种不舒服的感觉，在后期处理中可以理由可选颜色去除牙齿的黄色，用色阶可以整体提亮牙齿的亮度，还原一幅亮闪闪的美牙。

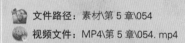
文件路径：素材\第 5 章\054
视频文件：MP4\第 5 章\054. mp4

STEP 01 启动 Photoshop CC 程序后，执行"文件"|"打开"命令，弹出"打开"对话框，选择本书配套光盘中"第 5 章\054\054.jpg"文件，单击"打开"按钮，如图 5-71 所示。

STEP 02 选择工具箱中的"以快速蒙版编辑"工具 回，或按 Q 键，进入快速蒙版编辑状态。选择工具箱中的"画笔"工具 ✐，在人物上牙齿上涂抹，如图 5-72 所示。

STEP 03 按 Q 键，退出快速蒙版编辑状态。执行"选择"|"反向"命令，或按 Ctrl+Shift+I 组合键，将选区进行反选。按 Shift+F6 组合键，打开"羽化选区"对话框，设置"羽化半径"为 20像素，如图 5-73 所示。

图 5-71 打开文件

图 5-72 涂抹牙齿

图 5-73 "羽化"对话框

STEP 04 单击"确定"按钮，关闭对话框。执行"图像"|"调整"|"可选颜色"命令，或按 Ctrl+I+J+组合键，打开"可选颜色"对话框，在"颜色"下拉列表中调整"黄色"通道参数，如图 5-74所示。

STEP 05 单击"确定"按钮，关闭对话框。执行"图像"|"调整"|"曲线"命令，或按 Ctrl+M组合键，打开"曲线"对话框，调整 RGB 通道参数；提亮牙齿的色彩，如图 5-75 所示。

STEP 06 单击"确定"按钮，关闭对话框，按 Ctrl+D 组合键取消选区。选择工具箱中的"减淡"工具 ◉，设置工具选项栏中的"曝光度"为 15%，在人物的牙齿深色区域涂抹，使牙齿每个地方的亮度都保持一致，如图 5-76 所示。

图 5-74 "可选颜色"对话框

图 5-75 "曲线"对话框

图 5-76 减淡牙齿

> 技巧：在使用闪光灯对具有反光性的物体进行拍摄时，会在物体上产生亮斑，破坏画面的和谐，这个时候只需适当调整数码相机的拍摄角度，就能避免产生色斑。

055. 修补牙齿

一口整齐的牙齿会给人物的笑容加分，展现灿烂、迷人的笑容。实例素材中，人物出现不整齐的牙齿而且还发黄，极其的难看，在后期的处理中，为部分牙齿形状创建选区，然后替换掉残缺的牙齿，最后用调整命令来调整发黄的牙齿，获得迷人笑容。

文件路径：素材\第 5 章\055
视频文件：MP4\第 5 章\055. mp4

STEP 01 启动 Photoshop CC 程序后，执行"文件"|"打开"命令，弹出"打开"对话框，选择本书配套光盘中"第 5 章\055\055.jpg"文件，单击"打开"按钮，如图 5-77 所示。

STEP 02 按 Ctrl++组合键放大图像。选择工具箱中的"钢笔"工具 ，设置工具选项栏中的"工具模式"为"路径"，在人物完好的牙齿上创建路径，如图 5-78 所示。

STEP 03 按 Ctrl+Enter 组合键将路径转换为选区，按 Shift+F6 组合键，在弹出的"羽化选区"对话框中设置"羽化半径"为 3 像素，如图 5-79 所示。

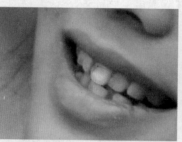

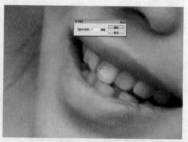

图 5-77　打开文件　　　　　　图 5-78　绘制路径　　　　　　图 5-79　"羽化"选区

STEP 04 单击"确定"按钮，关闭对话框。按 Ctrl+J 组合键复制选区内的图像，选择工具箱的"移动"工具 将复制的图像移动到残缺的牙齿上，如图 5-80 所示。

STEP 05 按 Ctrl+T 组合键显示定界框，单击鼠标右键，在弹出的快捷菜单中选择"水平翻转"选项，并将其移动到合适的位置，如图 5-81 所示。

STEP 06 按住 Ctrl 键的同时单击定界框四周的控制点，将定界框斜切为如图 5-82 所示的形状。按下回车键，此时图像效果如图 5-83 所示。

STEP 07 同上述操作方法，修补其他的牙齿，如图 5-84 所示。在图层面板中，选中最上层图层，按 Ctrl+Shift+Alt+E 组合键，盖印图层。选择工具箱中的"钢笔"工具 ，设置工具选项栏中的"工具模式"为"路径"，在牙齿缝隙中创建路径，如图 5-85 所示。

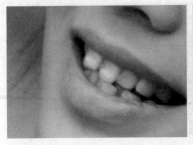

图 5-80 移动图像

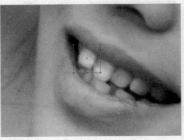

图 5-81 "水平翻转"图像

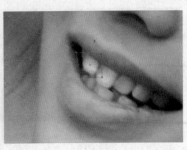

图 5-82 "斜切"图像

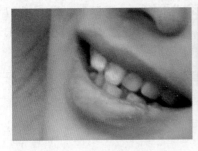

图 5-83 图像效果

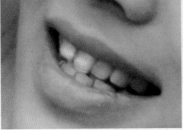

图 5-84 修补牙齿

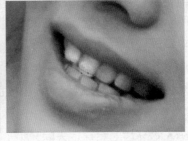

图 5-85 创建路径

STEP 08 按 Ctrl+Enter 组合键将路径转换为选区，按 Shift+F6 组合键，在弹出的"羽化选区"对话框中设置"羽化半径"为 1 像素，单击"确定"按钮，关闭对话框。选择工具箱中的"仿制图章"工具 ，设置工具选项栏中"流量"为 100、"不透明度"为 100，按住 Alt 键在牙齿缝隙中取样，如图 5-86 所示。

STEP 09 释放 Alt 键，在选区内进行涂抹，改变牙齿形态，让牙齿变得整齐如图 5-87 所示。

STEP 10 选择工具箱中的"模糊"工具 ，设置工具选项中"模式"为"正常"，"强度"为 50%，在牙缝中轻轻涂抹，模糊牙缝，如图 5-88 所示。

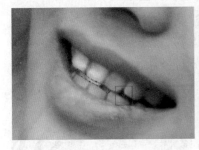

图 5-86 取样区域

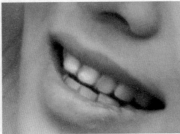

图 5-87 涂抹牙齿

图 5-88 模糊牙齿

STEP 11 选择"套索"工具 ，在人物牙齿上创建选区，如图 5-89 所示。

STEP 12 按 Shift+F6 组合键，在弹出的"羽化选区"对话框中设置"羽化半径"为 5 像素。执行"图像"|"调整"|"色阶"命令，或按 Ctrl+L 组合键，在打开的"色阶"对话框中拖到各个滑块，调整牙齿的亮度，如图 5-90 所示。

图 5-89　创建选区

图 5-90　"色阶"对话框

图 5-91　"可选颜色"对话框

STEP 13 单击"确定"按钮关闭对话框。执行"图像"|"调整"|"可选颜色"命令，或按 Ctrl+I+J+组合键，打开"可选颜色"对话框，在"颜色"下拉列表中调整"黄色"通道参数，如图 5-91 所示。单击"确定"按钮关闭对话框。执行"图像"|"调整"|"色彩平衡"命令，或按 Ctrl+B 组合键，在打开的"色彩平衡"对话框调整各项参数，美白牙齿，如图 5-92 所示。

STEP 14 单击"确定"按钮关闭对话框。选择工具箱中的"减淡"工具，设置工具选项栏中的"曝光度"为 15%，在人物的牙齿深色区域涂抹，使牙齿每个地方的亮度都保持一致，如图 5-93 所示。

STEP 15 选择工具箱中的"海绵"工具，设置工具选项中"模式"为"去色"、"流量"为 30%，在人物牙齿上涂抹，去除牙齿上的红色区域，如图 5-94 所示。

图 5-92　"色彩平衡"对话框

图 5-93　减淡牙齿

图 5-94　去除牙齿饱和度

STEP 16 选择工具箱中的"套索"工具，在人物嘴唇上创建选区，如图 5-95 所示。

STEP 17 按 Shift+F6 组合键，羽化 10 像素。执行"图像"|"调整"|"色相/饱和度"，或按 Ctrl+U 组合键，在打开的"色相/饱和度"对话框中设置相关参数，为人物嘴唇进行上色，如图 5-96 所示。单击"确定"键，关闭对话框，按 Ctrl+D 组合键取消选区，此时图像效果如图 5-97 所示。

图 5-95　创建选区

图 5-96　"色相/饱和度"对话框

图 5-97　最终效果

▶ 小 V 当道　　　　　　　▶ 使面部器官更对称
▶ 去掉双下巴　　　　　　▶ 去掉高颧骨
▶ 添加酒窝效果　　　　　▶ 洗掉脸上油光
▶ 打造完美侧面轮廓　　　▶ 去除岁月痕迹
▶ 用减淡和加深塑造面部轮廓

第 6 章
月貌花容——修饰脸型轮廓

　　"完美"永远都是人们较为关注的话题，尤其对女性而言，天使的脸庞和魔鬼般的身材是做梦都想追求的，而面部的修饰在人像处理中使用的频率最高。本章主要针对人物脸型轮廓进行处理，介绍了人像脸部美容的技巧，通过去掉双下巴、打造 V 字脸、去除油光等案例的分析和处理，详细讲解了修正脸型轮廓的方法及技巧。

056. 小 V 当道

在这个以瘦为美的年代里，有一张大饼脸怎么办呢？不怕，利用 Photoshop 的后期处理功能可以轻松地打造范冰冰的 V 字脸，完善人物形象。

🐱 文件路径：素材\第 6 章\056

🎬 视频文件：MP4\第 6 章\056. mp4

STEP 01 启动 Photoshop CC 程序后，执行"文件"|"打开"命令，弹出"打开"对话框，选择本书配套光盘中"第 6 章\056\056.jpg"文件，单击"打开"按钮，如图 6-1 所示。

STEP 02 按 Ctrl+J 组合键复制"背景"图层，得到"图层 1"。如图 6-2 所示。

图 6-1　打开文件

图 6-2　图层面板

STEP 03 选中该图层，执行"滤镜"|"液化"命令，打开"液化"对话框，如图 6-3 所示。

STEP 04 按 Ctrl++组合键放大图像。选择工具选项栏中的"向前变形"工具，在右侧选项栏中设置相关数值，将光标放在右脸，从右脸的外面向里面进行拖曳，如图 6-4 所示。

😊 **技巧：** 在电灯泡照明下进行室内拍摄，因为灯光的照片，常会出现白平衡的问题。相机默认设置是自动白平衡，适合户外拍摄，但通常不适合室内拍摄。所以在进行室内拍摄时，需要重新设置相机的内部参数。

图 6-3 "液化"对话框

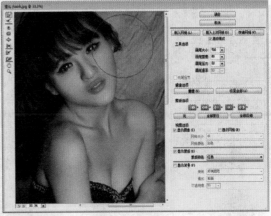

图 6-4 向前变形

STEP 05 同样方法，在人物左脸也进行由外向内的拖曳，使脸部通过推移达到削瘦的效果，如图6-5 所示。

STEP 06 单击"确定"按钮，关闭对话框，此时可以在图像窗口中查看人物瘦脸后的效果，如图6-6 所示。

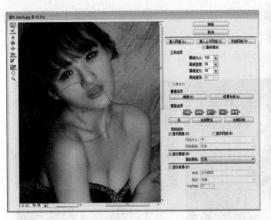

图 6-5 向前变形

图 6-6 最终效果

技巧：拍摄宠物时，使用食物、玩具或声音引逗宠物，当它看镜头时迅速按下快门，可以刻画出宠物的眼神，让宠物更具有灵性。

057. 使面部器官更对称

在对人像进行拍摄时，有时会因为人物表情或模特自身的原因，导致拍摄出来的五官左右不对称，例如眼睛微笑弯曲度不一致、脸型大小不一致等。在后期处理中，可以对有缺陷的一边脸进行覆盖和修整，从而使五官更加对称，展现出完美的面部形态。

文件路径：素材\第 6 章\057
视频文件：MP4\第 6 章\057.mp4

STEP 01 启动 Photoshop CC 程序后，执行"文件"|"打开"命令，弹出"打开"对话框，选择本书配套光盘中"第 6 章\057\057.jpg"文件，单击"打开"按钮，如图 6-7 所示。

STEP 02 按 Ctrl++组合键放大图像，按 Ctrl+J 组合键复制"背景"图层，得到"图层 1"。选择"套索"工具，在人物的左脸上创建选区，如图 6-8 所示。

STEP 03 执行"选择"|"修改"|"羽化"命令，在弹出的"羽化选区"中设置"羽化半径"为 10 像素，按 Ctrl+J 组合键复制选区内的图像。按 Ctrl+T 组合键显示定界框，将光标放在中间的控制点上，当光标变为 ↔状时，向内拖动定界框，缩小人物脸部，如图 6-9 所示。

图 6-7　打开文件　　　　　图 6-8　创建选区　　　　　图 6-9　缩放定界框

STEP 04 按下回车键确认变形。同上述操作方法，对人物另一半脸型进行变形处理，效果如图 6-10 所示。

STEP 05 选中"图层"面板上的最顶层，按 Ctrl+Alt+Shift+E 组合键，盖印图层。执行"滤镜"|"液化"命令，在打开的"液化"对话框中，用"向前变形"工具对人物的鼻子进行变形，如图 6-11 所示。

STEP 06 单击"确定"按钮，关闭对话框，此时图像效果如图 6-12 所示。

图 6-10　缩放定界框

图 6-11 "液化"对话框　　　　　　　　　　图 6-12 最终效果

技 巧：鱼缸和水面容易反光导致拍摄的图片不清晰，因此在拍摄时应使用偏振镜片置于相机镜头前方，并旋转镜片及调整拍摄角度（呈 45° 夹角最佳）使得画面最清晰。但是偏振片有一定的减光作用，因此为了保证拍摄清晰，应在拍摄时将照相机放置在三脚架上。

058. 去掉双下巴

　　双下巴是由于下巴脂肪组织堆积过多，加之上了年纪皮肤老化而松弛，并因重力的作用而下垂，从外观上看似有双下巴，看着颈部臃肿短粗，失去人固有的线条美、曲线美。在后期处理中，利用选择工具选取双下巴区域，再用液化工具将双下巴去除掉，恢复人物的原始脸型，使脸部呈现出青春感和年轻化。

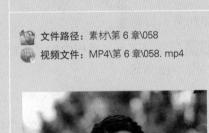

文件路径：素材\第 6 章\058

视频文件：MP4\第 6 章\058. mp4

STEP 01 启动 Photoshop CC 程序后，执行"文件"|"打开"命令，弹出"打开"对话框，选择本书配套光盘中"第 6 章\058\058.jpg"文件，单击"打开"按钮，如图 6-13 所示。

STEP 02 按 Ctrl+J 组合键复制"背景"图层，得到"图层 1"。执行"滤镜"|"液化"命令，在打

开的"液化"对话框中，用"向前变形"工具 对人物的脸型进行变形，如图 6-14 所示。

图 6-13　打开文件

图 6-14　变形效果

STEP 03 选择工具箱中的"钢笔"工具 ，设置工具选项栏中的"工具模式"为"路径"，在人物的下巴处创建路径，如图 6-15 所示。

STEP 04 按 Ctrl+Enter 组合键，将路径转换成选区，按 Shift+F6 组合键，在弹出的"羽化选区"对话框中设置"羽化半径"为 3 像素，如图 6-16 所示。

图 6-15　绘制路径

图 6-16　羽化选区

STEP 05 执行"滤镜"|"液化"命令，打开"液化"对话框，此时"液化"对话框中所显示的效果如图 6-17 所示。

STEP 06 选择工具选项栏中的"向前变形"工具 ，在脖子区域拖曳光标，将双下巴进行修饰，如图 6-18 所示。

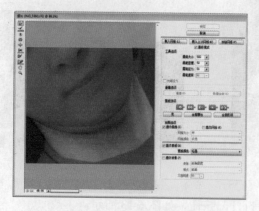

图 6-17　"液化"对话框

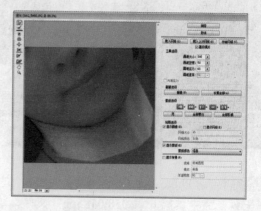

图 6-18　修饰双下巴

STEP 07 单击"确定"按钮，关闭对话框，此时图像效果如图 6-19 所示。

STEP 08 按 Ctrl+D 组合键取消选区。在执行"液化"命令时没有复制图像，是在原有图像进行修改的，所以处理图像后会发现一些破损痕迹，如图 6-20 所示。

STEP 09 选择工具箱中的"修补"工具 ，将破损痕迹进行修补，让整幅图像显得自然，如图 6-21 所示。

图 6-19 液化效果　　　　　图 6-20 破损痕迹　　　　　图 6-21 最终效果

技巧：一般情况下，大家拍摄树叶时，总喜欢以"顺光"的角度拍摄，取其青翠、碧绿，令人有欣欣向荣之感。但是，逆光拍摄的树叶，阳光从树叶透出，树叶那种晶莹剔透的感觉，更是令人惊艳，无论是单叶大特写，还是只取其数叶，均有其不同的感觉。

059. 去掉高颧骨

在东方的文化中，女性的面部以曲线柔和，五官和谐为美。脸型则以椭圆形和鹅蛋形为最美，因此，颧骨的高低以从侧面看去颧颊部构成优美的纵行弧线为宜，过低显得不够立体，过高则给人以冷酷的感觉，并且显得憔悴、衰老。在后期处理中，可以利用修补工具和减淡工具来去除人物的高颧骨，让脸部的线条变得柔和，温顺。

文件路径：素材\第 6 章\059
视频文件：MP4\第 6 章\059. mp4

STEP 01 启动 Photoshop CC 程序后，执行"文件"|"打开"命令，弹出"打开"对话框，选择本书配套光盘中"第 6 章\059\059.jpg"文件，单击"打开"按钮，如图 6-22 所示。

STEP 02 按 Ctrl+J 组合键复制"背景"图层，得到"图层 1"。选择工具箱中的"修补"工具，将人物面部的高颧骨去除，如图 6-23 所示。

STEP 03 选择工具箱中的"减淡"工具，设置工具选项栏中画笔的大小、"范围"为"中间值"、"曝光度"为 15%，如图 6-24 所示。

STEP 04 在颧骨周围肤色不均匀区域进行涂抹，去除多余的颧骨部分，如图 6-25 所示。

  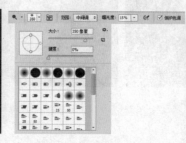 

图 6-22　打开文件　　图 6-23　去掉颧骨　　图 6-24　"减淡"参数　　图 6-25　最终效果

060. 添加酒窝效果

　　酒窝亦称笑窝，是传统的东方美女象征。古人对其赞叹与欣赏自不必说，就是在美女如云的现代，酒窝美眉仍是许多人倾心的对象。在后期处理时，利用"图层样式"的方法来为人物增加酒窝形状，突出人物的可爱和俏皮，使整个画面立即生动起来。

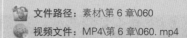

文件路径：素材\第 6 章\060

视频文件：MP4\第 6 章\060. mp4

STEP 01 启动 Photoshop CC 程序后，执行"文件"|"打开"命令，弹出"打开"对话框，选择本书配套光盘中"第 6 章\060\060.jpg"文件，单击"打开"按钮，如图 6-26 所示。

STEP 02 按 Ctrl+J 组合键复制"背景"图层，得到"图层 1"。选择工具箱中的"椭圆选框"工具，在图像中人物脸部创建选区，如图 6-27 所示。

STEP 03 执行"选择"|"修改"|"羽化"命令，或按 Shift+F6 组合键，在弹出的"羽化选区"对话框中设置"羽化半径"为 20 像素，如图 6-28 所示。

图 6-26　打开文件

图 6-27　创建选区

图 6-28　羽化选区

STEP 04 单击"确定"按钮，关闭对话框。按 Ctrl+J 组合键，将选区内的图像进行复制，在"图层"面板中得到新的图层，并将其重命名为"酒窝"，如图 6-29 所示。

STEP 05 选择图层面板下的"添加图层样式"按钮 fx，在弹出的快捷菜单中选择"斜面与浮雕"选项，设置相关参数，如图 6-30 所示。

STEP 06 单击"确定"按钮，关闭对话框。设置该图层的不透明度为 70%，此时图像效果如图 6-31 所示。

图 6-29　图层面板

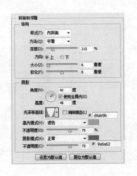

图 6-30　"图层样式"对话框

图 6-31　最终效果

技巧：进行水果和蔬菜的拍摄时，构图上是很讲究的，一方面要顾及拍摄主体在画面中的合理位置，另一方面要关注画面的明暗对比。如果画面内容非常充实，使用黄金分割点的构图方法，即可获得较好的视觉效果。

061. 洗掉脸上油光

由于光照原因或者面部出油过多，照片中人脸常常会出现局部过亮的情况。有时候需要高光，以增加明暗反差使图片更有趣味，但有时这些过亮的地方会显得脸上油乎乎的，或者你需要一张看起来更柔和的图片，这时就需要修改这些过亮的地方。

文件路径：素材\第 6 章\061

视频文件：MP4\第 6 章\061. mp4

STEP 01 启动 Photoshop CC 程序后，执行"文件"|"打开"命令，弹出"打开"对话框，选择本书配套光盘中"第 6 章\061\061.jpg"文件，单击"打开"按钮，如图 6-32 所示。

STEP 02 执行"图像"|"模式"|"CMYK 颜色"命令，如图 6-33 所示。

STEP 03 弹出相应信息提示框，提示用户是否执行转换操作。单击"确定"按钮，将图像转换为 CMYK 图像模式，如图 6-34 所示。

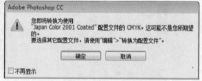

图 6-32　打开文件　　　　图 6-33　转换文件　　　　图 6-34　"警告"对话框

STEP 04 选择工具箱中的"加深"工具 ，设置工具选项栏中画笔的大小、"范围"为"高光"、"曝光度"为 10%，如图 6-35 所示。

STEP 05 切换至"通道"面板，用鼠标选择洋红通道，然后按住 Shift 键，选择黄色通道，此时图像效果如图 6-36 所示。

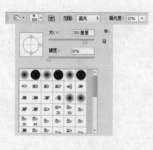

图 6-35　"加深"工具参数　　　　图 6-36　加选通道

技 巧：拍摄儿童应在其眼睛的高度拍摄，这样画面看起来更加亲切、更自然；对焦时应对准人物的眼睛，这样人物的眼睛会显得炯炯有神；使用连续对焦模式、连拍模式、动态区域模式更容易抓拍到精彩的瞬间。

STEP 06 单击"CMYK"通道上的眼睛图标，显示"CMYK"通道颜色，如图 6-37 所示。

STEP 07 使用"加深"工具，在人物的油光区域轻轻涂抹，去除脸上的油光，如图 6-38 所示。

STEP 08 选择工具箱中的"模糊"工具，设置工具选项栏中的"模式"为"正常"，"强度"为 10%，在人物油光区域进行涂抹，模糊油光区域，如图 6-39 所示。

STEP 09 执行"图像"|"模式"|"RGB 颜色"命令，将图像的模式转为 RGB 颜色。

图 6-37　通道面板　　　　图 6-38　涂抹油光　　　　图 6-39　最终效果

技巧：拍摄儿童尽量选择温馨、明快的色彩进行搭配，并使用柔光、顺光拍摄，这样画面看起来清晰、明快，更能体现儿童天真、活泼、单纯的特点。

062. 用减淡和加深塑造面部轮廓

在进行人像摄影时，直线的光线会使得人物脸部的轮廓变得不够清晰，五官的棱角显得不够分明，整个画面平淡而没有深度。在后期处理中，可以利用加深和减淡脸部影调的方法来塑造脸部的形状，突出人物面部的高光和阴影，使脸部呈现出一定的深度和立体感。

文件路径：素材\第 6 章\062
视频文件：MP4\第 6 章\062. mp4

STEP 01 启动 Photoshop CC 程序后，执行"文件"|"打开"命令，弹出"打开"对话框，选择本书配套光盘中"第 6 章\062\062.jpg"文件，单击"打开"按钮，如图 6-40 所示。

STEP 02 按 Ctrl+J 组合键复制 "背景" 图层，得到 "图层 1"。选择工具箱中的 "加深" 工具 🖌，在工具选项中选择 "范围" 下拉列表中的 "中间调"，"曝光度" 为 10%，并勾选 "保护色调" 复选框，如图 6-41 所示。

STEP 03 使用 "加深" 工具 🖌 在人物脸部阴影区域进行涂抹，增强脸部的阴影效果，让人物脸部轮廓更加清晰，如图 6-42 所示。

图 6-40　打开文件

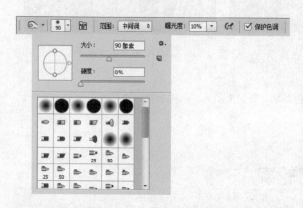

图 6-41　"加深" 工具参数

图 6-42　加深工具涂抹效果

STEP 04 选择图层面板下方的 "创建新的填充或调整图层" 按钮 🔲，创建 "色阶" 调整图层，在弹出的对话框中拖动滑块，调整整体画面的立体感，如图 6-43 所示。

STEP 05 选择工具箱中的 "减淡" 工具 🔍，在人物脸部高光部分进行涂抹，使高光部分更加明显，如图 6-44 所示。

图 6-43　"色阶" 调整图层

图 6-44　最终效果

063。打造完美侧面轮廓

对人物进行拍摄时，能够清晰地捕捉到人物脸部外侧的轮廓特征，使照片赋有一种特殊的美感。但完美的侧面轮廓不是每个人都具有的，这就需要在后期处理时改变侧面轮廓，提升鼻尖和下巴的伸展幅度，让五官具有深邃的空间感，使人物更增添女人味。

文件路径：素材\第 6 章\063

视频文件：MP4\第 6 章\063.mp4

STEP 01 启动 Photoshop CC 程序后，执行"文件"|"打开"命令，弹出"打开"对话框，选择本书配套光盘中"第 6 章\063\063.jpg"文件，单击"打开"按钮，如图 6-45 所示。

STEP 02 按 Ctrl+J 组合键复制"背景"图层，得到"图层 1"。执行"滤镜"|"液化"命令，打开"液化"对话框，选择工具选项栏中的"向前变形"工具，在右侧的选项栏中对其进行设置，如图 6-46 所示。

图 6-45 打开文件

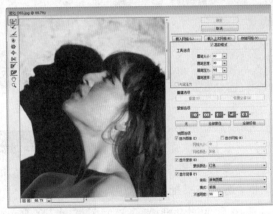

图 6-46 设置液化参数

STEP 03 使用"向前变形"工具在人物侧脸轮廓位置上轻微的拖曳，对鼻尖、嘴唇和下巴进行调整，如图 6-47 所示。

STEP 04 单击"确定"按钮，关闭对话框，此时图像效果如图 6-48 所示。

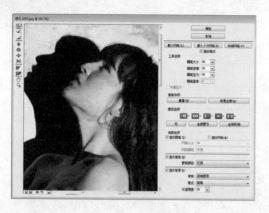

图 6-47　变形侧面

图 6-48　最终效果

064。去除岁月痕迹

　　随着年龄的增长，人的肌肤会出现各种各样的毛病，比如黄褐斑、眼袋、眼角纹等，这些问题都是广大女性竭力要去除的东西。实例中素材人物中眼角皱纹比较明显，眼袋偏大，脸颊上有些小斑，通过后期的处理，让人物的肤质变得更年轻化。

　　文件路径：素材\第 6 章\064

　　视频文件：MP4\第 6 章\064. mp4

STEP 01 启动 Photoshop CC 程序后，执行"文件"|"打开"命令，弹出"打开"对话框，选择本书配套光盘中"第 6 章\064\064.jpg"文件，单击"打开"按钮，如图 6-49 所示。

STEP 02 按 Ctrl+J 组合键复制"背景"图层，得到"图

图 6-49　打开文件

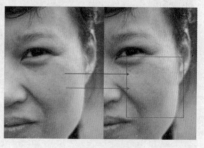

图 6-50　去除瑕疵

层 1"。选择工具箱中的"污点修复画笔"工具 ![img]，在人物脸上有瑕疵的区域涂抹，去掉瑕疵，如图 6-50 所示。

STEP 03 同上述操作方法，使用"污点修复画笔"工具 ![img] 将人物脸上的瑕疵全部去除，如图 6-51 所示。选择工具箱中的"修复画笔"工具 ![img]，按住 Alt 键在人物眼角没有皱纹的区域单击，选择取样点，将取样点区域的图像涂抹应用到人物面部有皱纹的地方，如图 6-52 所示。

STEP 04 同样方法，依次去除脸上的皱纹，效果如图 6-53 所示。

图 6-51　去除瑕疵　　　　　图 6-52　去除皱纹　　　　　图 6-53　去除皱纹

STEP 05 选择工具箱中的"修补"工具 ![img]，去除人物的眼袋，如图 6-54 所示。

STEP 06 选择工具箱中的"套索"工具 ![img]，在人物的眼睛上创建如图 6-55 所示的选区。

STEP 07 执行"选择"|"修改"|"羽化"命令，或按 Shift+F6 组合键，在弹出的"羽化选区"对话框中设置"羽化半径"为 20 像素，如图 6-56 所示。

图 6-54　去除眼袋　　　　　图 6-55　创建选区　　　　　图 6-56　羽化选区

STEP 08 单击"确定"按钮关闭对话框。按 Ctrl+J 组合键复制选区内的图像到新的图层中，按 Ctrl+T 组合键显示定界框，如图 6-57 所示。

STEP 09 将光标放在控制点的中间位置，当光标变为 ▶ 状时，向上即可移动定界框，扩大眼睛区域，如图 6-58 所示。

图 6-57　显示定界框　　　　　图 6-58　移动定界框

STEP 10 按回车键确认变形操作。选择图层面板下方的"添加图层蒙版"按钮 ▣，为该图层添加一个蒙版，选择"画笔"工具 ✐，用黑色的画笔在人物眼球部分涂抹，隐藏多余的眼球，如图 6-59 所示。

STEP 11 同上述操作方法，将另一只眼睛也扩大，效果如图 6-60 所示。

图 6-59　添加蒙版

图 6-60　放大眼睛

STEP 12 按 Ctrl+E 组合键，合并图层。执行"滤镜"|"液化"命令，在打开的"液化"对话框中，选择工具选项栏中的"向前变形"工具 ✋，在人物眼睛上涂抹，调整眼睛的大小，如图 6-61 所示。

STEP 13 选择"仿制图章"工具 🖈，在人物脸部单击取样，对瑕疵肌肤进行修复，如图 6-62 所示。

图 6-61　变形眼睛

图 6-62　最终效果

技 巧：人物正面受光时，光线太强，很容易眯眼或是用手来挡光，所以在拍摄时最好避免人物正面对强光，可适当调整角度进行拍摄。

▶ 令秀发更加水润　　　　　　　▶ 消除飘散的头发分支

▶ 改变头发颜色　　　　　　　　▶ 校正头发间隙

▶ 变换人物发型　　　　　　　　▶ 变暗头发分隔线

▶ 打造卷发效果　　　　　　　　▶ 打造绚丽挑染头发

▶ 为头发添加流光效果

▶ 第7章
丰容盛鬋——人物的发型与造型

　　头发是人体的重要组成部分，自婴儿出生就伴随着美丽的头发，头发是皮肤的附属物。有一头亮丽乌黑的秀发，修理得整洁大方、长短透度，呈现在众人面前时，给人一种潇洒飘逸、美的享受；相反，如果弄得蓬松邋遢，肮脏不堪，就会给人一种不愉快的感觉。本章主要针对人像照片中的头发进行处理，通过变换人物发型、打造卷发效果、改变头发颜色等案例的分析和处理，讲解了"色相/饱和度"命令、滤镜命令等常用工具的使用方法，利用本章介绍的相关处理方法和工具，能够使人物秀发充满光泽，使人物更加靓丽多彩。

065. 令秀发更加水润

在人像摄影中，往往因外在的因素导致拍摄出来的人像头发一片漆黑，既没有层次也没用美感。在后期处理中，更改其图层的混合模式即可让漆黑一片的头发瞬间立体起来，凸显了人物的美感。

文件路径：素材\第 7 章\065

视频文件：MP4\第 7 章\065.mp4

STEP 01 启动 Photoshop CC 程序后，执行"文件"|"打开"命令，弹出"打开"对话框，选择本书配套光盘中"第 7 章\065\065.jpg"文件，单击"打开"按钮，如图 7-1 所示。

STEP 02 在"图层"面板中，将"背景"图层拖动面板下方的"创建新图层"按钮 🔲，得到"背景复制"图层，如图 7-2 所示。

STEP 03 选择工具箱中的"以快速蒙版模式编辑"按钮 🔲，进入快速蒙版编辑模式，选择工具箱中的"画笔"工具 🖊️，用光标在图像中人物头发处进行涂抹，涂抹后的区域变为红色，如图 7-3 所示。

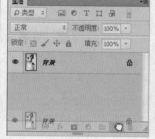

图 7-1　打开文件　　　　　图 7-2　图层面板　　　　图 7-3　"快速蒙版编辑"状态

STEP 04 选择"以标准模式编辑"按钮 🔲，返回标准编辑模式，红色区域以外的部分生成选区，如图 7-4 所示。

技巧： 在白天拍摄逆光人像时，闪光灯可以照亮脸部，改善反差；拍摄风景时，闪光灯可以提高前景花卉和草木的反差以及色彩的鲜艳度；在微距拍摄时，闪光灯能起到主光源的作用。

STEP 05 执行"选择"|"反向"命令，或按 Ctrl+Shift+I 组合键，将选区反选，如图 7-5 所示。

图 7-4　退出"快速蒙版编　　图 7-5　反向选区
辑"状态

STEP 06 执行"选择"|"修改"|"羽化"命令，或按 Shift+F6 组合键，在弹出的"羽化选区"对话框中设置"羽化半径"参数为 20 像素，如图 7-6 所示。

STEP 07 单击"确定"按钮，关闭对话框。按 Ctrl+J 组合键复制选区中的图像，在"图层"面板中生成新的图层。执行"滤镜"|"模糊"|"特殊模糊"命令，在弹出的"特殊模糊"对话框中设置相关参数，如图 7-7 所示。

STEP 08 单击"确定"按钮，关闭对话框。在"图层"面板中设置图层的混合模式为"线性减淡（添加）"，此时图像效果如图 7-8 所示。

图 7-6　羽化选区　　　　图 7-7　"特殊模糊"对话框　　　图 7-8　设置混合模式

STEP 09 选择图层面板下的"添加图层蒙版"按钮，为该图层添加一个蒙版，选择工具箱中的"画笔"工具，用黑色的画笔在头发边缘涂抹，隐藏边缘发亮的头发，如图 7-9 所示。适当降低画笔的不透明度，在头发高光区域涂抹，让头发显得更加的自然，如图 7-10 所示。

图 7-9　添加蒙版　　　　图 7-10　最终效果

技巧： 在雨天拍摄要注意相机防潮，可准备相机防水套或选择从室内窗户拍摄雨景，如果相机被淋湿，则一定要关掉电源及时处理。

066. 消除飘散的头发分支

在室外进行人像拍摄时，由于风大、流汗或是另外的原因，导致拍摄出来的头发漫天飞舞，不仅破坏了发型的美感，也使得画面不够干净。在后期处理中只要将头发分支去除，就能使发型看起来更加的有型，有感觉。

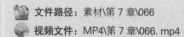

文件路径：素材\第 7 章\066
视频文件：MP4\第 7 章\066.mp4

STEP 01 启动 Photoshop CC 程序后，执行"文件"|"打开"命令，弹出"打开"对话框，选择本书配套光盘中"第 7 章\066\066.jpg"文件，单击"打开"按钮，如图 7-11 所示。

STEP 02 按 Ctrl++组合键放大图像，按 Ctrl+J 组合键复制"背景"图层，得到"图层 1"。选择"钢笔"工具 ✐，在人物头发边缘分支上绘制路径，如图 7-12 所示。

STEP 03 按 Ctrl+Enter 组合键，将路径转换为选区。执行"选择"|"修改"|"羽化"命令，或按 Shift+F6 组合键，在弹出的"羽化选区"对话框中设置"羽化半径"参数为 3 像素，如图 7-13 所示。

图 7-11　打开文件　　　　　图 7-12　创建路径　　　　　图 7-13　羽化选区

STEP 04 选择工具箱中的"矩形选框"工具 ▣，将光标放置在选区内，单击鼠标右键，在弹出的快捷菜单中选择"变换选区"选项，效果如图 7-14 所示，会显示选区的定界框。

STEP 05 下滑鼠标上的滑轮将图像放小。将光标放置在定界框的中间，当光标变为 ▶ 状时，移动定界框，如图 7-15 所示。按下回车键，确认变形。按 Ctrl+J 组合键复制选区内的图像，选择工具箱中的"移动"工具 ，将复制的图像移动到头发飘散的分支上，如图 7-16 所示。

图 7-14 变换选区

图 7-15 移动选区

图 7-16 复制图像

STEP 06 按 Ctrl+E 组合键，合并图层。选择工具箱中的"修补"工具 ，将边缘过度不自然的区域进行修复，效果如图 7-17 所示。选择工具箱中的"仿制图章"工具 ，按住 Alt 键在天空中区域，释放 Alt 键在人物头发边缘进行涂抹，修复颜色不一致的区域，效果如图 7-18 所示。

图 7-17 "修补"工具修补

图 7-18 "仿制图章"工具修复

技巧： 逆光下拍摄静物时应注意测光的准确。如果想表现被摄物的轮廓，那么焦点应对准被摄物，对背景颜色进行测光；如果是想表现被摄物体的颜色，那么应对被摄物体进行测光。需要注意的是，不管是哪种测光，都应取画面颜色的中间值。

STEP 07 执行"滤镜"|"液化"命令，打开"液化"对话框，选择工具选项栏中的"向前变形"工具 ，对人物下凹的头发进行轻微的拖拽，让头发显得自然、有型，如图 7-19 所示。

STEP 08 单击"确定"按钮，关闭对话框，此时图像效果如图 7-20 所示。

图 7-19 "液化"对话框

图 7-20 最终效果

067. 改变头发颜色

　　染发已经成为时尚，年轻人可以随心情改变头发的颜色，配合服饰和妆容，充分显示自己的个性。实例中的人物拍摄得非常到位，但偏暗的头发会显得人物很厚重，不能很好地衬托出该人像的主题，在后期处理中，可以通过改变人物头发的色彩，来体现少女俏皮可爱的神态。

　　🥔 文件路径：素材\第 7 章\067

　　📹 视频文件：MP4\第 7 章\067. mp4

STEP 01 启动 Photoshop CC 程序后，执行"文件"|"打开"命令，弹出"打开"对话框，选择本书配套光盘中"第 7 章\067\067.jpg"文件，单击"打开"按钮，如图 7-21 所示。

STEP 02 在"图层"面板中，将"背景"图层拖动面板下方的"创建新图层"按钮 ⬜，得到"背景复制"图层，如图 7-22 所示。

STEP 03 选择工具箱汇中的"以快速蒙版模式编辑"按钮 ⬜，进入快速蒙版编辑模式，选择工具箱中的"画笔"工具 ✎，用光标在图像中人物头发处进行涂抹，涂抹后的区域变为红色，如图 7-23 所示。

图 7-21　打开文件　　　　　图 7-22　图层面板　　　　　图 7-23　"快速蒙版编辑"状态

STEP 04 选择"以标准模式编辑"按钮 ⬛，返回标准编辑模式，红色区域以外的部分生成选区，如图 7-24 所示。

STEP 05 执行"选择"|"反向"命令，或按 Ctrl+Shift+I 组合键，将选区反选，如图 7-25 所示。

STEP 06 执行"选择"|"修改"|"羽化"命令，或按 Shift+F6 组合键，在弹出的"羽化选区"对话框中设置"羽化半径"参数为 25 像素，如图 7-26 所示。

图 7-24　退出"快速蒙版编辑"状态　　　　图 7-25　反向选区　　　　　图 7-26　羽化选区

STEP 07 选择图层面板下的"创建新的填充或调整图层"按钮 ⬛，创建"色相/饱和度"调整图层，在弹出的对话框中调整勾选"着色"选项，并调整各个滑块，更改头发的色彩，如图 7-27 所示。

STEP 08 在"图层"面板中设置该图层的混合模式为"变亮"，图像效果如图 7-28 所示。

图 7-27　"色相/饱和度"调整图层　　　图 7-28　设置混合模式　　　　图 7-29　画笔涂抹

STEP 09 选择工具箱中的"画笔"工具 ✏，用黑色的画笔在调整图层的蒙版区域进行涂抹，隐藏头发多余的色彩，如图 7-29 所示。

STEP 10 载入"色相/饱和度"图层蒙版为选区，为选区内的头发图像再创建一个"色阶"调整图层，在弹出的对话框中拖到各个滑块，增加头发的高光，加强了头发的光照感，如图 7-30 所示。

技巧：现在的相机大多具有显示日期的功能，但有时日期的显示会影响照片的整体效果，在拍摄之前可以根据自己的需要来添加或取消日期显示功能。

图 7-30　最终效果

068. 校正头发间隙

在人像拍摄过程中，往往由于模特的位置、风扇或是流汗等原因导致了头发出现了部分残缺，让整幅图像缺少了美感。在后期处理中，可以把有间隙的头发进行校正，重塑完整的发型，让整个画面看起来更加的协调。

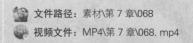
文件路径：素材\第 7 章\068

视频文件：MP4\第 7 章\068.mp4

STEP 01 启动 Photoshop CC 程序后，执行"文件"|"打开"命令，弹出"打开"对话框，选择本书配套光盘中"第 7 章\068\068.jpg"文件，单击"打开"按钮，如图 7-31 所示。

STEP 02 按 Ctrl+J 组合键复制"背景"图层，得到"图层 1"。选择工具箱中的"套索"工具 ，在人物刘海上方创建选区，如图 7-32 所示。

STEP 03 执行"选择"|"修改"|"羽化"命令，或按 Shift+F6 组合键，在弹出的"羽化选区"对话框中设置"羽化半径"参数为 3 像素，如图 7-33 所示。

图 7-31 打开文件

图 7-32 创建选区

图 7-33 羽化选区

STEP 04 按 Ctrl+J 组合键，将选区内的头发复制到"图层 2"图层。选中该图层，按 Ctrl+T 组合键显示定界框，对选取的头发进行适当的大小调整，将头发放置在留海的间隙位置，如图 7-34 所示。

STEP 05 按下回车键，确认操作。选择图层面板下的"添加图层蒙版"按钮 ，为该图层添加一个蒙版，选择"画笔"工具 ，设置前景色为黑色，不透明度为 60%，将多余的头发部分涂抹掉，如图 7-35 所示。

STEP 06 同上述校正头发间隙的操作方法，对其他的头发间隙也进行校正处理，图像效果如图 7-36 所示。

图 7-34　调整头发

图 7-35　添加蒙版

图 7-36　修补头发间隙

STEP 07 选择"图层"面板上的最顶层，按 Ctrl+Shift+Alt+E 组合键，盖印图层。选择工具箱中的"套索"工具 ，在人物头发上创建选区，按 Shift+F6 组合键羽化 100 像素，执行"图层"|"调整"|"色阶"命令，或按 Ctrl+L 组合键，打开"色阶"对话框，在对话框中设置相关参数，如图 7-37 所示。

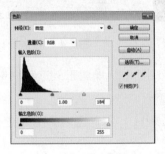

图 7-37　"色阶"参数

图 7-38　最终效果

STEP 08 单击"确定"按钮，关闭对话框，此时图像效果如图 7-38 所示。

069. 变换人物发型

在进行 cosplay 时，头发往往是至关重要的武器，如果没有和真实的卡通形象相近的发型，会显得该 cosplay 平谈无味。在后期处理，在 cosplay 素材中找到合适的头发，变换至人物发型上，让整体人物形象立竿见影。

文件路径：素材\第 7 章\069

视频文件：MP4\第 7 章\069. mp4

STEP 01 启动 Photoshop CC 程序后，执行"文件"|"打开"命令，弹出"打开"对话框，选择本书配套光盘中"第 7 章\069\069.jpg"文件，单击"打开"按钮，如图 7-39 所示。

STEP 02 按 Ctrl+J 组合键复制"背景"图层，得到"图层 1"，如图 7-40 所示。

STEP 03 按 Ctrl+O 组合键，弹出"打开"对话框，在该对话框中选择"人物"素材，单击"打开"按钮，打开该素材，如图 7-41 所示。

图 7-39　打开文件　　　　　图 7-40　图层面板　　　　　图 7-41　打开文件

STEP 04 选择工具箱中的"钢笔"工具，设置工具选项栏中的"工具模式"为"路径"，将人物的头发抠取出来，如图 7-42 所示。

STEP 05 选择工具箱中的"移动"工具，将选区内的图像拖拽至编辑的文档中，按 Ctrl+T 组合键显示定界框，如图 7-43 所示。

STEP 06 将光标放在定界框四周的控制点上，当光标变为状时，按住 Ctrl+Shift 组合键的同时等比例放大图像，单击鼠标右键，在弹出的快捷菜单中选择"变形"选项，拖动四周的控制点剂方向点来调整头发的位置，如图 7-44 所示。

图 7-42　创建选区　　　　　图 7-43　移动图像　　　　　图 7-44　变形图像

STEP 07 按下回车键确认变形操作。选择工具箱中的"钢笔"工具，设置工具选项栏中的"工具模式"为"路径"，在如图 7-45 所示的位置创建路径。

STEP 08 按 Ctrl+Enter 组合键，将路径转换为选区。选择"矩形选框"工具，将鼠标放置在选区内，单击鼠标右键，在弹出的快捷菜单中选择"变换选区"选项，如图 7-46 所示。

技巧：在室内或是较暗环境下拍摄人像，闪光灯可能会自动开启并导致人物"油光满面"的现象，为避免这一现象，可在关闭闪光灯的情况下增强普通光源，并调高感光度，增加曝光时间，从而获取最佳效果。

图 7-45 绘制选区

图 7-46 变换选区

STEP 09 将光标放在定界框中间位置，当光标变为 ▶ 状时，即可拖动定界框，移动选区位置，如图 7-47 所示。

STEP 10 按下回车键确认操作。在"图层"面板中选择"图层 1"图层，按 Ctrl+J 组合键复制选区内的图像，选择工具箱中的"移动"工具，将复制的图像拖拽至头发边缘处，覆盖多余的头发，如图 7-48 所示。

图 7-47 移动选区

图 7-48 复制图像

STEP 11 按 Ctrl+E 组合键，合并图层。选择工具箱中"修补"工具，将头发边缘过渡不自然的草地进行修补处理，得到如图 7-49 所示的效果。

STEP 12 同上述操作方法，修复人物额头上多余的头发，如图 7-50 所示。

图 7-49 "修补"工具修复

图 7-50 修复头发

STEP 13 选择工具箱中的"橡皮擦"工具，降低其不透明度，在头发的边缘涂抹，去掉边缘比较虚的头发，如图 7-51 所示。

STEP 14 执行"滤镜"|"锐化"|"USM 锐化"命令，在弹出的"USM 锐化"对话框中设置相关
参数，对头发进行锐化处理，如图 7-52 所示。

图 7-51　过渡头发边缘

图 7-52　最终效果

070. 变暗头发分隔线

　　由于光照原因，照片中人物头上的分隔线会显得特别的深，特别的明显，让整张照片失去了
美感。在后期处理中，可以通过减淡或是加深工具来处理，也可以通过混合模式来变暗分隔线，
使头发显得更加自然完美。

文件路径：素材\第 7 章\070

视频文件：MP4\第 7 章\070. mp4

STEP 01 启动 Photoshop CC 程序后，执行"文件"|"打开"命令，弹出"打开"对话框，选择本
书配套光盘中"第 7 章\070\070.jpg"文件，单击"打开"按钮，如图 7-53 所示。

STEP 02 按 Ctrl+J 组合键复制"背景"图层，得到"图层 1"，设置该图层的混合模式为"正片叠
底"，如图 7-54 所示。

STEP 03 按住 Alt 键选择图层面板下方的"添加图层蒙版"按钮 ，为"图层 1"添加一个纯黑色的蒙版。选择工具箱中的"画笔"工具 ，设置前景色为白色，不透明度为 30%，在头发的分隔线区域进行涂抹，将头发的分隔线变暗，如图 7-55 所示。

STEP 04 选择工具箱中的"套索"工具 ，在人物头发上创建选区，按 Shift+F6 组合键，羽化100 像素。选择图层面板下的"创建新的填充或调整图层"按钮，创建"曲线"调整图层，在弹出的对话框中调 RGB 通道参数，提亮选区内的头发亮度，如图 7-56 所示。

图 7-53　打开文件　　图 7-54　设置图层混合 　　图 7-55　添加蒙版　　图 7-56　最终效果
　　　　　　　　　　　　　　　模式

071. 打造卷发效果

　　卷发，发型的一种，卷发发型可以分为，自然卷和人工卷，自然卷为天生的，人工卷是人们追求美的效果用卷发棒、卷发钳、卷发球等一系列卷发用具使头发卷曲的结果，有多种发型，一般卷发后可以使用一些让头发丰盈增加弹性、增加光泽度让头发更闪耀、动人。本案例通过"波纹"命令和"液化"命令来打造神奇的卷发效果，让人物的头发更加的耀眼。

文件路径：素材\第 7 章\071

视频文件：MP4\第 7 章\071.mp4

STEP 01 启动 Photoshop CC 程序后，执行"文件"|"打开"命令，弹出"打开"对话框，选择本书配套光盘中"第 7 章\071\071.jpg"文件，单击"打开"按钮，如图 7-57 所示。

STEP 02 按 Ctrl+J 组合键复制"背景"图层，得到"图层 1"。选择工具箱中的"以快速蒙版模式编辑"按钮 ，进入快速蒙版编辑模式，选择工具箱中的"画笔"工具 ，用鼠标在图像中人物头发处进行涂抹，涂抹后的区域变为红色，如图 7-58 所示。

STEP 03 选择"以标准模式编辑"按钮 ，返回标准编辑模式，红色区域以外的部分生成选区，如图 7-59 所示。

图 7-57　打开文件　　　　图 7-58　"快速蒙版编辑"状态　　图 7-59　退出"快速蒙版编辑"状态

STEP 04 执行"选择"|"反向"命令，或按 Ctrl+Shift+I 组合键，将选区反选，如图 7-60 所示。

STEP 05 按 Shift+F6 组合键羽化 10 像素，按 Ctrl+J 组合键复制选区内的图像。执行|"滤镜"|"扭曲"|"波纹"命令，在弹出的对话框中设置相关参数，如图 7-61 所示。

STEP 06 单击"确定"按钮，关闭对话框，此时图像效果如图 7-62 所示。

图 7-60　反向选区　　　　　图 7-61　"波纹"参数　　　　　图 7-62　图像效果

STEP 07 执行"滤镜"|"液化"命令，在弹出的对话框中选择"顺时针旋转扭曲"工具 ，并设置相关参数，将鼠标拖动至如图 7-63 所示的位置。

STEP 08 按下鼠标左键不放，头发会自动地进行卷曲变形，如图 7-64 所示。

STEP 09 同上述操作方法，多次在不同的位置上对头发进行变形，如图 7-65 所示。

STEP 10 单击"确定"按钮，关闭对话框，并设置该图层的不透明度为 70%，此时图像效果如图 7-66 所示。

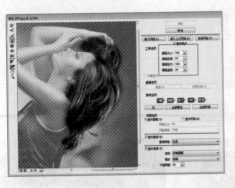

图 7-63　设置参数

图 7-64　变形头发

图 7-65　变形头发

图 7-66　最终效果

072. 打造绚丽挑染头发

　　染发一直是近年来美发界的流行重点，但是，近一两季以来，染发的重点代之以挑染、局部染，干净的发型，配搭上色彩时髦的挑染，使秀发更有光泽也更有层次。在后期处理中也可以利用"画笔"工具和图层混合模式相结合，为人物打造不一样的绚丽挑染发型，让人物瞬间提升了自身的魅力。

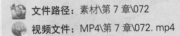

文件路径：素材\第 7 章\072

视频文件：MP4\第 7 章\072.mp4

STEP 01 启动 Photoshop CC 程序后，执行"文件"|"打开"命令，弹出"打开"对话框，选择本书配套光盘中"第 7 章\072\072.jpg"文件，单击"打开"按钮，如图 7-67 所示。

STEP 02 选择图层面板下方的"创建新图层"按钮，创建新图层。选择工具箱中的"以快速蒙版模式编辑"按钮，进入快速蒙版编辑模式，选择工具箱中的"画笔"工具，用鼠标在图像中人物头发处进行涂抹，涂抹后的区域变为红色，如图 7-68 所示。

图 7-67　打开文件　　　　图 7-68　"快速蒙版编辑"状态　　　　图 7-69　羽化选区

STEP 03 涂抹好后选择工具箱中的"以标准模式编辑"按钮，即可将涂抹后的区域转换为选区，反选选区，按 Shift+F6 组合键羽化 15 像素，如图 7-69 所示。

STEP 04 选择工具箱中的"前景色"图标，设置前景色为洋红色（#e555cc），选择"画笔"工具，在如图 7-70 所示的位置上涂抹。

STEP 05 设置该图层的混合模式为"柔光"，此时图像效果如图 7-71 所示。

STEP 06 同上述操作方法，依次在人物头发上涂抹不同的色彩，为人物添加绚丽的挑染效果，如图 7-72 所示。

图 7-70　画笔涂抹　　　　图 7-71　设置图层混合模式　　　　图 7-72　最终效果

技巧：站姿是最常被采用的姿势。身材较胖的人在被拍摄时可以选择侧立，或是拍摄者采用自下而上的低角度拍摄，也可以使被摄对象的身材显得修长。

073. 为头发添加流光效果

　　"流光"从字面上来解释就是流动的光线，但如果把"流光"应用在头发上，立即能增加头发的动感效果，让头发显得耀眼、飘逸。在后期处理中可以为头发填充所需要的颜色，然后结合图层混合模式，就能制作出具有流光效果的发型。

　　　　文件路径：素材\第 7 章\073
　　　　视频文件：MP4\第 7 章\073.mp4

STEP 01 启动 Photoshop CC 程序后，执行"文件"|"打开"命令，弹出"打开"对话框，选择本书配套光盘中"第 7 章\073\073.jpg"文件，单击"打开"按钮，如图 7-73 所示。

STEP 02 按 Ctrl+J 组合键复制"背景"图层，得到"图层 1"。选择工具箱中的"以快速蒙版模式编辑"按钮，进入快速蒙版编辑模式，选择工具箱中的"画笔"工具，用光标在图像中人物头发处进行涂抹，涂抹后的区域变为红色，如图 7-74 所示。

图 7-73　打开文件　　　　　　　　　图 7-74　"快速蒙版编辑"状态

STEP 03 涂抹好后选择工具箱中的"以标准模式编辑"按钮，即可将涂抹后的区域转换为选区，反选选区，按 Shift+F6 组合键羽化 15 像素，如图 7-75 所示。

STEP 04 选择图层面板下方的"创建新图层"按钮，新建图层。执行"编辑"|"填充"命令，在弹出的"填充"对话框中选择"背景色"选项，如图 7-76 所示。

图 7-75 羽化选区

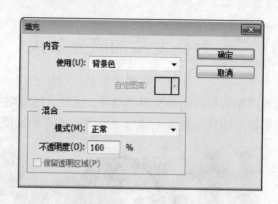

图 7-76 "填充"对话框

STEP 05 单击"确定"按钮，关闭对话框，此时图像效果如图 7-77 所示。

STEP 06 在"图层"面板的"设置图层的混合模式"下拉列表中选择"叠加"选项，并将图层的"不透明度"设为 70%，如图 7-78 所示。

图 7-77 图像效果

图 7-78 设置图层混合模式

STEP 07 按 Ctrl+D 组合键取消选区。选择工具箱中的"橡皮擦"工具 ，适当降低其不透明度，擦除过于太亮的区域，如图 7-79 所示的。

技巧：拍摄灯光打在人物侧面能突出人物轮廓和骨骼，使人物显得较瘦；打在正面会忽略人体的起伏，使身体显得呆板、单一，容易显胖。

图 7-79 最终效果

▶ 去除雀斑　　　　　　▶ 柔和肌肤，保持纹理

▶ 高反差保留美化肌肤　▶ 高斯模糊美化肌肤

▶ 蒙尘与划痕美化肌肤　▶ 扩散亮光让皮肤更白皙

▶ 制作糖水日系皮肤　　▶ 打造白皙通透的肌肤

▶ 时尚妆容修复术　　　▶ 诱惑古铜质感

第8章
粉雕玉琢——美肌修饰

　　皮肤是人体最大的器官，是人体美的外在表现。柔滑细嫩的皮肤可以展现女性的柔美与活力，同时也是人体健康的一面镜子。但在现实生活中由于平时生活不规律、工作压力大、内分泌失调等多方面的原因，会导致我们的皮肤出现各种不同的问题。本章主要针对人物脸部的肌肤进行处理，通过去除雀斑、高反差保留美化肌肤、高斯模糊美化肌肤等案例的分析和处理，详细介绍了不同方法的肌肤修复方法与技巧，让肌肤瞬间变得水润、通透起来。

074. 去除雀斑

　　雀斑能给人俏皮的感觉，但有的时候雀斑太多还是影响了人物的整体形象。在后期处理中，可以利用"污点修复画笔"工具去除大的雀斑，在利用"模糊"滤镜对其进行模糊处理，让图像更具有美感。

文件路径：素材\第 8 章\074
视频文件：MP4\第 8 章\074.mp4

STEP01 启动 Photoshop CC 程序后，执行"文件"|"打开"命令，弹出"打开"对话框，选择本书配套光盘中"第 8 章\074\074.jpg"文件，单击"打开"按钮，如图 8-1 所示。

STEP02 在"图层"面板中，将"背景"图层拖动面板下方的"创建新图层"按钮 ，复制"背景"图层，得到"背景复制"图层，如图 8-2 所示。

图 8-1　打开文件　　　　　图 8-2　图层面板

STEP03 按 Ctrl++组合键放大图像。选择工具箱中的"污点修复画笔"工具 ，将人物肌肤上较大的雀斑去除掉，如图 8-3 所示。

技巧：盖印图层：盖印图层就是在你处理图片时将处理后的效果盖印到新的图层上，功能和合并图层差不多，不过比合并图层更好用！因为盖印图层重新生成了一个新的图层而一点都不会影响你之前所处理的图层。

图 8-3　修复肌肤

STEP 04 按 Ctrl+J 组合键，复制"背景复制"图层。执行"滤镜"|"模糊"|"特殊模糊"命令，在弹出的对话框中设置相关参数，如图 8-4 所示。单击"确定"按钮，关闭对话框，此时图像效果如图 8-5 所示。

STEP 05 按住 Alt 键选择图层面板下的"添加图层蒙版"按钮 ，为该图层添加一个反相蒙版。选择工具箱中的"画笔"工具 ，设置前景色为白色，画笔的不透明度为 50%，在人物肌肤上涂抹，去除脸上的雀斑，如图 8-6 所示。

图 8-4 "特殊模糊"对话框

图 8-5 图像效果

图 8-6 添加蒙版

STEP 06 在"图层"面板中选中最顶层图层，按 Ctrl+Shift+Alt+E 组合键，盖印图层。选择工具箱中的"修补"工具 ，去除人物脸上的眼袋、皱纹，如图 8-7 所示。

STEP 07 选择工具箱中的"减淡"工具 ，设置工具选项栏中的"范围"为"中间调"、"曝光度"为 10%，在人物眼睛周围轻轻涂抹，去除人物的黑眼圈，如图 8-8 所示。

图 8-7 去除眼袋

图 8-8 去除黑眼圈

STEP 08 按 Ctrl+J 组合键复制图层。执行"滤镜"|"其它"|"高反差保留"命令，在弹出的"高反差保留"对话框中设置相关参数，如图 8-9 所示。

STEP 09 单击"确定"按钮，关闭对话框，设置该图层的混合模式为"强光"，如图 8-10 所示。

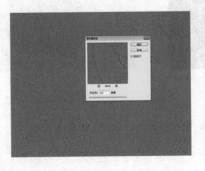
图 8-9 "高反差保留"对话框

图 8-10 最终效果

075 柔和肌肤，保持纹理

　　在对人物进行特写的时候，很容易将皮肤上的瑕疵暴露出来。在本实例中，素材人物的皮肤看起比较的脏，不通透，在后期处理中，通过选取高光区域与暗部区域进行调整，平滑人物的肌肤，再使用"表面模糊"对其进行磨皮处理，使其看上去干净、通透。

文件路径：素材\第 8 章\075
视频文件：MP4\第 8 章\075.mp4

STEP 01 启动 Photoshop CC 程序后，执行"文件"|"打开"命令，弹出"打开"对话框，选择本书配套光盘中"第 8 章\075\075.jpg"文件，单击"打开"按钮，如图 8-11 所示。

STEP 02 按 Ctrl++组合键放大图像，按 Ctrl+J 组合键复制"背景"图层，得到"图层 1"。选择工具箱中的"污点修复画笔"工具 ，修复人物肌肤上的瑕疵，如图 8-12 所示。

图 8-11　打开文件

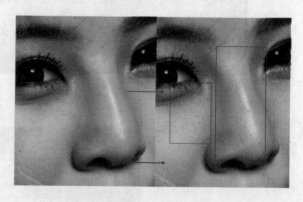

图 8-12　去除瑕疵

STEP 03 选择工具箱中的"修补"工具 ，去除人物脸上多余的发丝，效果图如图 8-13 所示。

STEP 04 按 Ctrl+J 组合键复制图层。执行"选择"|"色彩范围"命令，在弹出的对话框中用吸管在脸颊上单击，吸取脸颊相同颜色的区域，如图 8-14 所示。

图 8-13 去除发丝

图 8-14 "色彩范围"对话框

STEP 05 单击"确定"按钮，关闭对话框。执行"选择"|"修改"|"羽化"命令，在弹出的"羽化选区"对话框中设置"羽化半径"为 10 像素，如图 8-15 所示。

STEP 06 选择图层面板下方的"创建新的填充或调整图层"按钮 ⊘.，创建"色阶"调整图层，在弹出的对话框中拖动滑块，调整选区内的图像，提亮人物肤色，如图 8-16 所示。

图 8-15 羽化选区

图 8-16 "色阶"调整图层

STEP 07 在"图层"面板中选中最顶层图层，按 Ctrl+Shift+Alt+E 组合键，盖印图层。选择工具箱中的"减淡"工具 ，设置工具选项栏中的"范围"为"中间调"，"曝光度"为 10%，在人物肌肤较深的区域轻轻涂抹，柔和肌肤，如图 8-17 所示。

STEP 08 选择工具箱中的"海绵"工具 ，设置工具选项栏中的"模式"为"去色"、"流量"为 30%，在人物帽子边缘涂抹，去除人物脸上饱和度过高的区域，如图 8-18 所示。

图 8-17 减淡肤色

图 8-18 去除高饱和区域

STEP 09 在"图层"面板中选中最顶层图层，按 Ctrl+Shift+Alt+E 组合键，盖印图层。选择工具箱中的"以快速蒙版模式编辑"按钮 回，进入快速蒙版编辑模式，选择工具箱中的"画笔"工具 ✐，用光标在图像中人物脸部肌肤处进行涂抹，涂抹后的区域变为红色（涂抹过程中不要涂抹到五官），如图 8-19 所示。

STEP 10 选择"以标准模式编辑"按钮 回，返回标准编辑模式，红色区域以外的部分生成选区，按 Ctrl+Shift+I 组合键将选区反向，按 Shift+F6 组合键，在弹出的"羽化选区"对话框中设置"羽化半径"为 10 像素，如图 8-20 所示。

图 8-19　"快速蒙版编辑"模式

图 8-20　羽化选区

图 8-21　"表面模糊"对话框

STEP 11 执行"滤镜"|"模糊"|"表面模糊"命令，在弹出的"表面模糊"对话框中设置相关参数，如图 8-21 所示。单击"确定"按钮，关闭对话框，设置该图层的混合模式为"变亮"，此时图像效果如图 8-22 所示。

STEP 12 在"图层"面板中选中最顶层图层，按 Ctrl+Shift+Alt+E 组合键，盖印图层。执行"滤镜"|"锐化"|"USM 锐化"命令，在弹出的"USM 锐化"对话框中设置相关参数，如图 8-23 所示。

STEP 13 单击"确定"按钮，关闭对话框，此时图像效果如图 8-24 所示。

图 8-22　设置混合模式

图 8-23　"USM 锐化"对话框

图 8-24　最终效果

076. 高反差保留美化肌肤

　　在拍摄人像照片时，或多或少的会有些小瑕疵的出现，影响了照片的整体美观。在本实例中，人物脸上有些瑕疵，而且肌肤也受到了环境色的影响，失去了原本的色彩。在后期处理中，通过"高反差保留"方法为人物进行美肌，再利用调整图层调整整幅图像的色调，让图像呈现红润、健康的肤色。

文件路径：素材\第 8 章\076

视频文件：MP4\第 8 章\076.mp4

STEP 01 启动 Photoshop CC 程序后，执行"文件" |"打开"命令，弹出"打开"对话框，选择本书配套光盘中"第 8 章\076\076.jpg"文件，单击"打开"按钮，如图 8-25 所示。

STEP 02 在"图层"面板中，将"背景"图层拖动面板下方的"创建新图层"按钮 ，复制"背景"图层，得到"背景复制"图层，如图 8-26 所示。

图 8-25　打开文件

图 8-26　图层面板

STEP 03 按 Ctrl++组合键放大图像。选择工具箱中的"污点修复画笔"工具 ，修复人物肌肤上的瑕疵，如图 8-27 所示。

STEP 04 选择工具箱中的"修补"工具 ，去除人物眼睛下的黑眼圈，如图 8-28 所示。

图 8-27　去除瑕疵

图 8-28　去除眼袋

STEP 05 按 Ctrl+J 组合键复制图层。切换至"通道"面板，将"蓝"通道拖动面板下方的"创建新通道"按钮 ，复制"蓝"通道，如图 8-29 所示。

STEP 06 执行"滤镜"|"其它"|"高反差保留"命令，在弹出的对话框中设置"半径"为 10 像素，如图 8-30 所示。

图 8-29 复制蓝通道

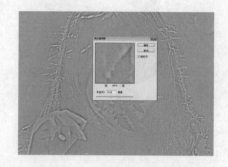

图 8-30 "高反差保留"对话框

STEP 07 单击"确定"按钮，关闭对话框。执行"滤镜"|"其它"|"最小值"命令，在弹出的"最小值"对话框中设置"半径"为 1 像素、"保留"为"方形"，如图 8-31 所示。

STEP 08 单击"确定"按钮，关闭对话框。执行"图像"|"计算"命令，弹出"计算"对话框，设置"混合模式"为"强光"，其他参数保持默认数值，如图 8-32 所示。

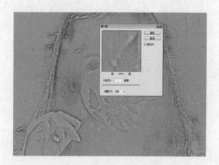

图 8-31 "最小值"对话框

图 8-32 "计算"对话框

STEP 09 重复执行"计算"命令两次，得到 Alpha2 和 Alpha3 通道，如图 8-33 所示。

STEP 10 按住 Ctrl 键单击 Alpha3 通道，载入选区，按 Shift+Ctrl+I 组合键将选区反选，如图 8-34 所示。

图 8-33 重复计算

图 8-34 载入选区

STEP 11 在"通道"面板中，选择"RGB"通道，切换至"图层"面板。选择图层面板下的"创建新的填充或调整图层"按钮 ◎.，创建"曲线"调整图层，在弹出的对话框中调整 RGB 通道参数，提亮人物肌肤，如图 8-35 所示。

STEP 12 选择工具箱中的"画笔"工具 ✎，设置画笔的不透明度为 100%，在人物眼睛、眉毛、嘴唇及肌肤以外的区域涂抹，还原原有的色彩，如图 8-36 所示。

图 8-35 "曲线"调整图层

图 8-36 画笔涂抹

STEP 13 按 Ctrl+Shift+Alt+E 组合键盖印图层。执行"图像"|"模式"|"Lab 颜色"命令，在弹出的警告对话框中单击"确定"按钮，会自动扔掉一些调整图层，如图 8-37 所示。

STEP 14 切换至"通道"面板，选择"明度"通道。执行"滤镜"|"锐化"|"USM 锐化"命令，在弹出的对话框中进行相应的设置，如图 8-38 所示。

图 8-37 转换为"Lab 颜色"模式

图 8-38 "USM 锐化"对话框

技巧：　"滤色"模式属于使图像的色调变亮的系列，混合后的图像色调比原色亮，滤色有"将黑色变为透明"的功能，即滤色模式的图层"根据图片的明度、纯黑色部分为完全透明，纯白色的部分为完全不透明度"。根据这个特性，可以将图片中的黑"抠除"。配合图层蒙版的使用，常用于提亮图层的暗部处理中。

STEP 15 单击"确定"按钮，关闭对话框。执行"图像"|"模式"|"RGB 颜色"命令，转回 RGB 模式，如图 8-39 所示。

STEP 16 选择图层面板下方的"创建新的填充或调整图层"按钮 ◎.，创建"可选颜色"调整图层，在"颜色"下拉列表中分别调整"红""黄"通道的参数，调整整体的色彩，如图 8-40 所示。

图 8-39　转换为"RGB 颜色"模式

图 8-40　"可选颜色"调整图层

STEP 17 按 Ctrl+Shift+Alt+E 组合键盖印图层。选择工具箱中的"套索"工具 ，在人物右眼角处创建选区，按 Shift+F6 组合键羽化 30 像素，如图 8-41 所示。

STEP 18 选择图层面板下方的"创建新的填充或调整图层"按钮 ，创建"曲线"调整图层，在"通道"下拉列表中分别调整"绿"通道的参数，调整人物肌肤，如图 8-42 所示。

图 8-41　羽化选区

图 8-42　最终效果

技巧：　　"高反差保留"就是指提取照片中的反差，反差越大的地方，提取出来的图案效果越明显；反差小的地方，提取出来的就是一片灰色。复制图层执行高反差高保留调整图层的混合模式可以起到锐化的作用，这和使用滤镜锐化的效果不尽相同。

077. 高斯模糊美化肌肤

　　照片拍的再好也不能完全掩盖住人物本身的瑕疵，在本实例中，很明显地看出脸部的瑕疵，在后期处理的时候，使用画笔工具结合快速蒙版来选取人物肌肤，再利用高斯模糊进行磨皮处理，最后使用调整图层调整肤色，使人物皮肤变的更加的光滑。

文件路径：素材\第 8 章\077

视频文件：MP4\第 8 章\077.mp4

STEP 01 启动 Photoshop CC 程序后，执行"文件"|"打开"命令，弹出"打开"对话框，选择本书配套光盘中"第 8 章\077\077.jpg"文件，单击"打开"按钮，如图 8-43 所示。

STEP 02 按 Ctrl+J 组合键复制"背景"图层，得到"图层 1"。选择工具箱中的"污点修复画笔"工具 ，修复人物肌肤上的瑕疵，如图 8-44 所示。

STEP 03 按 Ctrl+J 组合键复制图层，得到"图层 1 复制"图层。选择工具箱中的"以快速蒙版模式编辑"按钮 ，进入快速蒙版编辑模式，选择工具箱中的"画笔"工具 ，用光标在图像中人物肌肤处进行涂抹，并避开人物脸部的眼部和嘴部，如图 8-45 所示。

图 8-43 打开文件

图 8-44 修复瑕疵

图 8-45 选中皮肤

STEP 04 选择"以标准模式编辑"按钮 ，返回标准编辑模式，红色区域以外的部分生成选区，按 Ctrl+Shift+I 组合键将选区反向，按 Shift+F6 组合键，在弹出的"羽化选区"对话框中设置"羽化半径"为 10 像素，如图 8-46 所示。执行"滤镜"|"模糊"|"高斯模糊"命令，在弹出的"高斯模糊"对话框中设置"模糊半径"的参数，如图 8-47 所示。

STEP 05 单击"确定"按钮，关闭对话框，按 Ctrl+D 组合键，取消选区。在"图层"面板中选择"图层 1"图层，按 Ctrl+J 组合键，生成"图层 1 复制 2"，按 Ctrl+Shift+]组合键将该图层置入图层的最顶层，如图 8-48 所示。

图 8-46 羽化选区

图 8-47 "高斯模糊"对话框

图 8-48 复制图层

STEP 06 执行"图像"|"应用图像"命令，在弹出的"应用图像"对话框中设置相关参数，如图 8-49 所示。单击"确定"按钮，关闭对话框。执行"滤镜"|"其它"|"高反差保留"命令，在弹出的"高反差保留"对话框中设置相关参数，如图 8-50 所示。

图 8-49 "应用图像"对话框

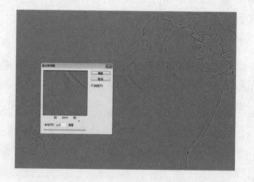
图 8-50 "高反差保留"对话框

STEP 07 单击"确定"按钮，关闭对话框。在"图层"面板中设置该图层的混合模式为"叠加"，此时图像效果如图 8-51 所示。

STEP 08 按 Ctrl+Shift+Alt+E 组合键，盖印图层。执行"选择"|"色彩范围"命令，在弹出的对话框中用吸管在脸颊上单击，吸取脸颊相同颜色的区域，如图 8-52 所示。

图 8-51 更改图层混合模式

图 8-52 "色彩范围"对话框

STEP 09 单击"确定"按钮，关闭对话框。执行"选择"|"修改"|"羽化"命令，在弹出的"羽化选区"对话框中设置"羽化半径"为 10 像素，如图 8-53 所示。

STEP 10 选择图层面板下的"创建新的填充或调整图层"按钮 ，创建"色阶"调整图层，在弹出的对话框中拖动滑块，调整选区内的图像，提亮人物肤色，如图 8-54 所示。

图 8-53 羽化选区　　　　　　　　图 8-54 最终效果

078. 蒙尘与划痕美化肌肤

在对人物照片进行磨皮处理时，有很多种方法可以选择，蒙尘与划痕磨皮法也是其中较为常用的一种，简单的几个操作步骤就可以达到理想的效果，既方便又快捷，是后期处理皮肤瑕疵的好帮手。

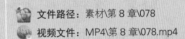
文件路径：素材\第 8 章\078
视频文件：MP4\第 8 章\078.mp4

STEP 01 启动 Photoshop CC 程序后，执行"文件"|"打开"命令，弹出"打开"对话框，选择本书配套光盘中"第 8 章\078\078.jpg"文件，单击"打开"按钮，如图 8-55 所示。

STEP 02 按 Ctrl+J 组合键复制"背景"图层，生成"图层 1"。选择工具箱中的"修补"工具 ，去除人物眼袋，如图 8-56 所示。

图 8-55 打开文件

图 8-56 图层眼袋

STEP 03 按 Ctrl+J 组合键，复制"图层 1"得到"图层 1 复制"图层。执行"滤镜"|"杂色"|"蒙尘与划痕"命令，在弹出的"蒙尘与划痕"对话框中设置相关参数，如图 8-57 所示。

STEP 04 单击"确定"按钮，关闭对话框。按住 Alt 键选择图层面板下的"添加图层蒙版"按钮 ，为该图层添加一个反相的蒙版，选择工具箱中的"画笔"工具 ，设置前景色为白色，在人物脸上有瑕疵的地方涂抹，美化肌肤，如图 8-58 所示。

图 8-57 "蒙尘与划痕"对话框

图 8-58 画笔涂抹

STEP 05 按 Ctrl+Shift+Alt+E 组合键，盖印图层。执行"滤镜"|"其它"|"高反差保留"命令，在弹出的"高反差保留"对话框中设置相关参数，如图 8-59 所示。

STEP 06 单击"确定"按钮，关闭对话框，在"图层"面板中设置图层的混合模式为"叠加"，增加人物皮肤的质感，图像效果如图 8-60 所示。

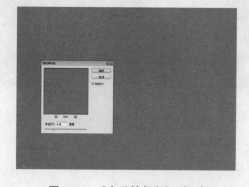

图 8-59 "高反差保留"对话框

图 8-60 最终效果

079. 平衡皮肤色调

　　白嫩的皮肤比偏黄的肤色更能吸引人。在本实例中，小孩的肌肤偏黄，不能够吸引人们的眼球，在后期处理中，可以通过调整图层来更改小孩的肌肤，让小孩的肌肤变得更加白嫩。

文件路径：素材\第 8 章\079
视频文件：MP4\第 8 章\079.mp4

STEP 01 启动 Photoshop CC 程序后，执行"文件"|"打开"命令，弹出"打开"对话框，选择本书配套光盘中"第 8 章\079\079.jpg"文件，单击"打开"按钮，如图 8-61 所示。

STEP 02 按 Ctrl+J 组合键复制"背景"图层，得到"图层 1"。执行"图像"|"调整"|"色阶"，或按 Ctrl+L 组合键，打开"色阶"对话框，拖动最左边的滑块，调整整体图像的密度，如图 8-62 所示。

图 8-61　打开文件

图 8-62　"色阶"对话框

STEP 03 选择图层面板下的"创建新的填充或调整图层"按钮 ，创建"色彩平衡"调整图层，在"色调"下拉列表中分别调整"阴影""中间值"及"高光"的数值，调整并更改图像色调，如图 8-63 所示。

STEP 04 按 Ctrl+Shift+Alt+E 组合键，盖印图层。执行"选择"|"色彩范围"命令，在弹出的对话框中用吸管在脸颊上单击，吸取脸颊相同颜色的区域，如图 8-64 所示。

图 8-63 "色彩平衡"调整图层

图 8-64 "色彩范围"对话框

STEP 05 单击"确定"按钮，关闭对话框。执行"选择"|"修改"|"羽化"命令，在弹出的"羽化选区"对话框中设置"羽化半径"为 10 像素，如图 8-65 所示。

STEP 06 选择图层面板下方的"创建新的填充或调整图层"按钮 ，创建"照片滤镜"调整图层，在"滤镜"下拉列表中选择"深蓝"选项，并调整"浓度"参数，如图 8-66 所示。

图 8-65 羽化选区

图 8-66 "照片滤镜"调整图层

STEP 07 按住 Ctrl 键单击"照片滤镜"蒙版区域，载入蒙版选区，再次选择图层面板下方的"创建新的填充或调整图层"按钮 ，创建"曲线"调整图层，调整 RGB 通道参数，提亮人物的肌肤，如图 8-67 所示。

STEP 08 创建"色相/饱和度"调整图层，在弹出的对话框中调整"饱和度"参数，调整图像的饱和度，如图 8-68 所示。

图 8-67 "曲线"调整图层

图 8-68 "色相/饱和度"调整图层

STEP 09 按 Ctrl+Shift+Alt+E 组合键，盖印图层。选择工具箱中的"修补"工具 ⊛，修复人物脸上的瑕疵，图像效果如图 8-69 所示。

STEP 10 选择工具箱中的"海绵"工具 ◉，设置工具选项栏中的"模式"为"去色""流量"为30%，在人物脸上高饱和的区域涂抹，去除饱和度，如图 8-70 所示。

图 8-69 去除瑕疵

图 8-70 最终效果

080. 扩散亮光让皮肤更白皙

白皙的肌肤对人气质的提升有着至关重要的帮助。在本实例中用于拍摄过程中光线不足，或是其他原因导致人物肤色暗淡，失去了人物的美感，在后期的处理中，通过"白场"瞬间提亮人物的肤色，再利用扩散亮光调整人物的肌肤，使人物的肌肤更加的光滑、白皙。

文件路径：素材\第 8 章\080

视频文件：MP4\第 8 章\080.mp4

STEP 01 启动 Photoshop CC 程序后，执行"文件"|"打开"命令，弹出"打开"对话框，选择本书配套光盘中"第 8 章\080\080.jpg"文件，单击"打开"按钮，如图 8-71 所示。

STEP 02 按 Ctrl+J 组合键复制"背景"图层，得到"图层 1"。执行"图像"|"调整"|"色阶"，或按 Ctrl+L 组合键，打开"色阶"对话框，选择"在图像中取样并设置白场"按钮，在图像中手里的纱巾处单击，此时图像效果如图 8-72 所示。

STEP 03 单击"确定"按钮，关闭对话框。执行"编辑"|"渐隐色阶"命令，或按 Ctrl+Shift+F 组合键，打开"渐隐"对话框，在"模式"下拉列表中选择"颜色"选项，如图 8-73 所示。

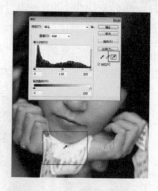

图 8-71　打开文件　　　　图 8-72　"色阶"对话框

STEP 04 单击"确定"按钮，关闭对话框。设置背景色为白色，执行"滤镜"|"滤镜库"|"扭曲"|"扩散亮光"命令，在打开的对话框中设置参数，提亮人物皮肤，如图 8-74 所示。

STEP 05 选择图层面板下方的"创建新的添加或调整图层"按钮，创建"色相/饱和度"调整图层，在"全图"下拉列表中分别调整"红""黄色"通道的饱和度，增加画面色调，如图 8-75 所示。

图 8-73　"渐隐"对话框　　　图 8-74　"扩散亮光"参数　　　图 8-75　"色相/饱和度"参数

技巧：　"颜色模式"指用当前图层的色相值与饱和度替换下层图像的色相值和饱和度，而亮度保持不变。决定生成颜色的参数包括：底层颜色的明度、上层颜色的色调与饱和度。这种模式能保留原有图层的灰度细节，还能用来对黑白或是不饱和的图像上色。

STEP 06 按 Ctrl+Shift+Alt+E 组合键，盖印图层。按 Ctrl+Alt+2 组合键载入图像的高光区域，执行"选择"|"反向"命令，或按 Ctrl+Shift+I 组合键将选区反选，按 Shift+F6 组合键羽化 20 像素，如图 8-76 所示。

STEP 07 选择图层面板下方的"创建新的添加或调整图层"按钮，创建"曲线"调整图层，在弹出的对话框中调整 RGB 通道参数，提亮皮肤暗位，如图 8-77 所示的位置。

STEP 08 按 Ctrl+Shift+Alt+E 组合键，盖印图层。选择工具箱中的"减淡"工具，设置工具选项栏中的"范围"为"中间调"，"曝光度"为 20%，在人物皮肤上较暗的区域涂抹，提亮整体肤色，如图 8-78 所示。

图 8-76　选区反选　　　　　图 8-77　"曲线"调整图层　　　　图 8-78　最终效果

081. 制作糖水日系皮肤

　　糖水肌肤是近年来比较流行的后期处理手法，通过 PS 的后期处理，让肌肤呈现红润、通透、健康的肤色。在本实例中，人物肤色比较正常，但会显得肌肤色彩不够，在后期处理中，利用 Lab 颜色模式的特性，为人物添加红润效果，再通过调整图层调整人物的肌肤，使肌肤呈现红润、通透的质感。

文件路径：素材\第 8 章\081

视频文件：MP4\第 8 章\081.mp4

STEP 01 启 动 Photoshop CC 程序后，执行"文件"|"打开"命令，弹出"打开"对话框，选择本书配套光盘中"第 8 章\081\081.jpg"文件，单击"打开"按钮，如图 8-79 所示。按 Ctrl+J 组合键复制"背景"图层，得到"图

图 8-79　打开文件

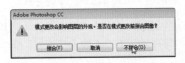

图 8-80　转换颜色模式

层 1"。执行"图像"|"模式"|"Lab 颜色"命令,在弹出的警告对话框中选择"不拼合"选项,转换图像的颜色格式,如图 8-80 所示。

STEP 02 执行"图像"|"应用图像"命令,在打开的"应用图像"对话框中设置相关参数,增加人物整体的红润度,如图 8-81 所示。

STEP 03 按 Ctrl+Alt+2 组合键载入图像的高光区域,选择图层面板下方的"创建新的填充或调整图层"按钮 ,创建"曲线"调整图层,在弹出的对话框调整 RGB 通道参数,提亮整体色彩,如图 8-82 所示。

图 8-81 "应用图像"对话框   图 8-82 "曲线"调整图层

STEP 04 执行"图层"|"新建"|"图层"命令,或按 Ctrl+Shift+N 组合键,打开"新建"对话框,并设置相关的参数,如图 8-83 所示。

STEP 05 单击"确定"按钮,关闭对话框。选择工具箱中的"画笔"工具 ,设置前景色为白色、不透明度为 50%,在人物的鼻子、脸颊区域进行涂抹,增强人物高光,如图 8-84 所示。

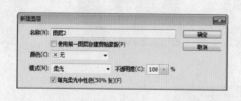

图 8-83 "新建图层"对话框   图 8-84 增加人物高光

STEP 06 选择图层面板下方的"创建新的填充或调整图层"按钮 ,创建"色相/饱和度"调整图层,在弹出的对话框调整"饱和度"及"明度",让人物更加的白皙,如图 8-85 所示。

STEP 07 按 Ctrl+Shift+Alt+E 组合键,盖印图层。执行"滤镜"|"锐化"|"USM 锐化"命令,在打开的"USM 锐化"对话框中设置相关参数,锐化人物皮肤,如图 8-86 所示。

图 8-85 "色相/饱和度"调整图层

图 8-86 "USM 锐化"对话框

STEP 08 单击"确定"按钮，关闭对话框。执行
"图像"|"模式"|"RGB 颜色"命令，在弹出
的警告对话框中选择"确定"按钮，转换为 RGB
颜色通道，在转换的过程中会扔掉一些调整图
层，如图 8-87 所示。

图 8-87 转换图像颜色模式

082. 打造白皙通透的肌肤

　　俗话说："一白遮百丑"，每个女孩子都希望自己拥有白皙通透的皮肤，如果照片中的肤色过
于暗淡，可以将其调白一些。在后期处理中，可以利用"Camera Raw 滤镜"来处理肌肤，让肌
肤瞬间白皙而富有光泽起来。

文件路径：素材\第 8 章\082

视频文件：MP4\第 8 章\082.mp4

STEP 01 启动 Photoshop CC 程序后，执行"文件"|"打开"命令，弹出"打开"对话框，选择本
书配套光盘中"第 8 章\082\082.jpg"文件，单击"打开"按钮，如图 8-88 所示。

STEP 02 按 Ctrl+J 组合键复制"背景"图层，得到"图层 1"。执行"滤镜"|"Camera Raw 滤镜"
命令，或按 Ctrl+Shift+A 组合键，打开"Camera Raw 滤镜"对话框，如图 8-89 所示。

图 8-88　打开文件

图 8-89　“Camera Raw 滤镜”对话框

STEP 03 选择右边工具选项中“基本”按钮，在展开的选项栏中调整各个参数，提亮照片的高光区域，如图 8-90 所示。

STEP 04 选择工具箱中的“径向滤镜”工具，在人物的脸部区域创建选区，设置“曝光度”“羽化”、“效果”等选项，提亮脸部区域，如图 8-91 所示。

图 8-90　调整“基本”选项数值

图 8-91　提亮脸部区域

STEP 05 同上述操作方法，提亮人物手臂区域，如图 8-92 所示。

STEP 06 按 Ctrl++组合键放大图像。选择工具箱中的“污点去除”工具，这时会出现一个蓝色的小圈，用蓝色的小圈在脸上有瑕疵的区域涂抹，系统会自动识别匹配的区域，将瑕疵去除掉，如图 8-93 所示。

图 8-92　提亮手臂区域

图 8-93　去除瑕疵

STEP 07 同上述操作方法，使用"污点去除"工具 在有瑕疵的地方涂抹，去除瑕疵，如图 8-94 所示的。

STEP 08 选择工具箱中的"缩放"工具 ，按住 Alt 键单击图像，缩小图像。在右侧选项中选择 "HSL/灰度"按钮 ，调整各个色相的滑块，如图 8-95 所示的。

图 8-94　去除瑕疵

图 8-95　"HSL/灰度"参数

STEP 09 单击"确定"按钮关闭对话框，此时图像效果如图 8-96 所示的。

STEP 10 执行"图像"|"调整"|"可选颜色"命令，或按 Alt+I+J+S 组合键，打开"可选颜色"对话框，在"颜色"下拉列表中调整"黄"通道参数，如图 8-97 所示的。

图 8-96　图像效果

图 8-97　"可选颜色"对话框

技巧：拍摄展览馆艺术品时，一定要记得关闭闪光灯，使用高 ISO 值，并配合脚架来稳定拍摄，才能获得更加清晰的画面效果。

STEP 11 单击"确定"按钮关闭对话框。执行"选择"|"色彩范围"命令，在弹出的对话框中用吸管在脸颊上单击，吸取脸颊相同颜色的区域，如图 8-98 所示的。

STEP 12 单击"确定"按钮关闭对话框。执行"选择"|"修改"|"羽化"命令，在弹出的"羽化选区"对话框中设置"羽化半径"为 10 像素，选择图层面板下的"创建新的填充或调整图层"按钮 ，创建"色阶"调整图层，在弹出的对话框中拖动各个滑块，提亮肌肤色彩，图像效果如图 8-99 所示的。

图 8-98　"色彩范围"对话框

图 8-99　最终效果

083. 时尚妆容修复术

　　图像中人物脸上有较多的油光，再加上光线的不均匀，增加了后期修复的难度，既要把脸上的油光去掉又要保持脸部肌肤的纹理。在后期处理中，我们可以利用滤镜中的模糊命令对其进行磨皮处理，再利用蒙版工具为其保持纹理，在最大程度上保留了肌肤的光泽感。

　　文件路径：素材\第 8 章\083

　　视频文件：MP4\第 8 章\083.mp4

STEP 01 启动 Photoshop CC 程序后，执行"文件"|"打开"命令，弹出"打开"对话框，选择本书配套光盘中"第 8 章\083\083.jpg"文件，单击"打开"按钮，如图 8-100 所示。

STEP 02 在"图层"面板中，将"背景"图层拖到"创建新图层"按钮 上，得到"背景复制"图层。选择工具箱中的"污点修复画笔"工具 ，去除人物肌肤上的瑕疵，如图 8-101 所示。按 Ctrl+J 组合键复制图层。执行"滤镜"|"模糊"|"表面模糊"命令，在弹出的"表面模糊"对话框中设置相关参数，如图 8-102 所示。

图 8-100　打开文件

图 8-101 修复瑕疵

图 8-102 "表面模糊"对话框

STEP 03 按住 Alt 键选择图层面板下方的"添加图层蒙版"按钮 ，为该图层添加一个反相蒙版，选择工具箱中的"画笔"工具，设置前景色为白色，画笔的不透明度为 50%，硬度为 0，画笔大小为 70，在人物的肌肤上涂抹，美化肌肤，如图 8-103 所示。

STEP 04 选择图层面板下方的"创建新的填充或调整图层"按钮，创建"曲线"调整图层，在弹出的对话框中调整 RGB 通道参数，如图 8-104 所示。

STEP 05 在"图层"面板中选择"背景复制"图层。选择工具箱中的"污点修复画笔"工具，将过渡不均匀或有瑕疵的地方进行修复，如图 8-105 所示。

图 8-103 添加蒙版

图 8-104 "曲线"调整图层

图 8-105 修复瑕疵

STEP 06 隐藏"曲线"调整图层前面的眼睛图标，此时可以看到图像在修复后变得更加均匀，如图 8-106 所示的。

STEP 07 将"曲线"调整图层拖至"图层"面板下方的"删除"按钮上，删除该图层。按 Ctrl+Shift+Alt+N 组合键新建图层，美化人物眼球（在前面章节中有详细的说明，这里不再重复讲解），如图 8-107 所示的。

图 8-106 隐藏调整图层

图 8-107 美化眼睛

STEP 08 按 Ctrl+Shift+Alt+E 组合键，盖印图层。执行"滤镜"|"纹理"|"纹理化"命令，在弹出的"纹理化"对话框中设置相关参数，如图 8-108 所示，单击"确定"按钮关闭对话框。

STEP 09 执行"滤镜"|"锐化"|"智能锐化"命令，在弹出的"智能锐化"对话框中设置相关参数，如图 8-109 所示。

图 8-108 "纹理化"参数

图 8-109 "智能锐化"对话框

STEP 10 选择图层面板下方的"添加图层蒙版"按钮 ，为该图层添加一个蒙版，选择工具箱中的"画笔"工具 ，设置前景色为黑色，适当降低画笔的不透明度，在背景及肌肤上涂抹，适当隐藏纹理化的效果，如图 8-109 所示。

STEP 11 单击"确定"按钮关闭对话框，按 Ctrl+Shift+Alt+E 组合键，盖印图层。执行"选择"|"色彩范围"命令，在弹出的对话框中用吸管在脸颊上单击，吸取脸颊相同颜色的区域，如图 8-111 所示。

图 8-110 "色彩范围"对话框

图 8-111 "色彩范围"对话框

STEP 12 单击"确定"按钮关闭对话框。执行"选择"|"修改"|"羽化"命令，在弹出的"羽化选区"对话框中设置"羽化半径"为 20 像素，选择图层面板下方的"创建新的填充或调整图层"按钮 ，创建"色阶"调整图层，在弹出的对话框中拖到滑块，提亮肌肤色彩，图像效果如图 8-112 所示。

STEP 13 按 Ctrl+Shift+Alt+E 组合键，盖印图层。执行"选择"|"色彩范围"命令，在弹出的对话框中用吸管在高光上单击，吸取高光区域，如图 8-113 所示。

图 8-112 "色阶"调整图层

图 8-113 "色彩范围"对话框

STEP 14 单击"确定"按钮关闭对话框。执行"选择"|"修改"|"羽化"命令，在弹出的"羽化选区"对话框中设置"羽化半径"为 20 像素，选择图层面板下方的"创建新的填充或调整图层"按钮 ，创建"色阶"调整图层，在弹出的对话框中拖动滑块，提亮肌肤色彩，图像效果如图8-114 所示。

STEP 15 按 Ctrl+Shift+Alt+E 组合键，盖印图层。执行"滤镜"|"液化"命令，在工具箱中选择"向前变形"工具 ，在脸颊处拖拽鼠标，为人物进行瘦脸处理，如图 8-115 所示。

图 8-114 "色阶"调整图层

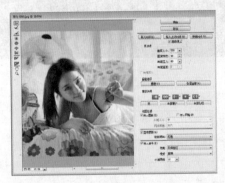

图 8-115 "液化"对话框

STEP 16 单击"确定"按钮，关闭对话框，此时图像效果如图 8-116 所示。

STEP 17 选择图层面板下方的"创建新的填充或调整图层"按钮 ，创建"色相/饱和度"调整图层，在弹出的对话框中调整"饱和度"参数，如图 8-117 所示。

图 8-116 液化效果

图 8-117 最终效果

084. 诱惑古铜质感

古铜质感肤色是模拟金属铜的质感效果,本案例以红铜色为例,在人物皮肤上呈现铜的色泽、光感及颗粒感,通过观察最终效果可以看到,图像高光呈现浅浅的红褐色,中间调为褐色,暗光调为深褐色,都是同一个色系,正是由这样不同明度和饱和度的颜色共同搭配、融合,才塑造了我们想要的金属质感。

文件路径: 素材\第 8 章\084

视频文件: MP4\第 8 章\084.mp4

STEP 01 启动 Photoshop CC 程序后,执行"文件"|"打开"命令,弹出"打开"对话框,选择本书配套光盘中"第 8 章\084\084.jpg"文件,单击"打开"按钮,如图 8-118 所示。

STEP 02 按 Ctrl+J 组合键复制"背景"图层,得到"图层 1"。执行"图像"|"调整"|"色阶"命令,或按 Ctrl+L 组合键,打开"色阶"对话框,在对话框中设置相关参数,提亮人物肌肤,如图 8-119 所示。

图 8-118 打开文件

图 8-119 "色阶"对话框

STEP 03 单击"确定"按钮,关闭对话框。按 Ctrl+J 组合键复制该图层,设置该图层的混合模式为"滤色",切换至通道面板,按住 Ctrl 键单击 RGB 通道,载入图像的高光区域,如图 8-120 所示。

STEP 04 选择图层面板下方的"添加图层蒙版"按钮 ▣,为该图层添加一个蒙版,设置其不透明度为 50%,保留图像高光选区的滤色效果,隐藏暗部区域不需要参与滤色的部分,如图 8-121 所示。

图 8-120 载入高光区域

图 8-121 添加蒙版

STEP 05 按 Ctrl+Shift+Alt+E 组合键，盖印图层。设置该图层的混合模式为"亮光"，执行"图像"
|"调整"|"反相"命令，或按 Ctrl+I 组合键，将图像进行反相处理，如图 8-122 所示。

STEP 06 执行"滤镜"|"模糊"|"高斯模糊"命令，在弹出的对话框中设置"模糊半径"为 3.4
像素，对反相的图像应用模糊滤镜，使它看起来更为锐利，如图 8-123 所示。

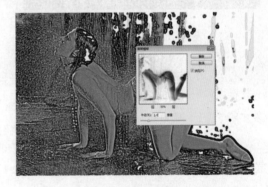

图 8-122 反相效果

图 8-123 "高斯模糊"对话框

STEP 07 单击"确定"按钮，关闭对话框。执行"滤镜"|"其它"|"高反差保留"命令，在弹出
的对话框中设置相关参数，如图 8-124 所示的。

STEP 08 单击"确定"按钮，关闭对话框。选择图层面板下方的"添加图层蒙版"按钮 回，为该
图层添加一个蒙版。选择"画笔"工具 ，设置前景色为黑色，将人物的五官及身体的轮廓边
缘擦除来，如图 8-125 所示的。

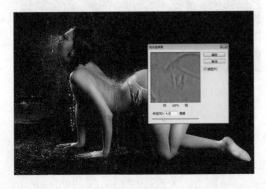

图 8-124 "高反差保留"对话框

图 8-125 添加蒙版

STEP 09 按 Ctrl+Shift+Alt+N 组合键，新建图层，设置该图层的混合模式为"柔光"。选择工具箱中的"画笔"工具 ✍，设置前景色为白色，在人物的高光区域涂抹，使皮肤更具光感，如图 8-126 所示。

STEP 10 选择图层面板下方的"创建新的填充或调整图层"按钮 ◎，创建"通道混合器"调整图层，在弹出的对话框中设置相关参数，并更改该图层的混合模式为"颜色"，不透明度为 80%，塑造一种高质量的低饱和暗灰色调，如图 8-127 所示。

图 8-126　添加高光区域　　　　　　　　　　图 8-127　"通道混合器"调整图层

> 技巧：打开通道混合器面板可以看到有一个单色选项，选中后，发现图像会变成灰度图像，RGB 通道自动默认数据为 40/40/20，这时分别调整每个通道数据，还可以看到图像细节的明暗变化，通过这种方法得到的灰度图像质量非常的好，比去色要好得多。

STEP 11 在"通道"面板中，按住 Ctrl 键单击 RGB 通道，载入图像高光区域，创建"纯色"调整图层，打开拾色器面板，选择纯黑色，如图 8-128 所示。

STEP 12 设置该调整图层的混合模式为"柔光"，让整个图像高光选区变暗变灰，变得更为厚重，如图 8-129 所示。

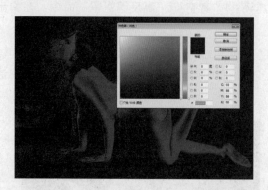

图 8-128　"拾色器"对话框　　　　　　　　图 8-129　设置图层混合模式

> 技巧："USM 锐化"与"智能锐化"的区别在于："USM 锐化"对图像边缘锐化的效果比较明显，可以增强图像边缘的对比度及图像颗粒感；而"智能锐化"能够很好地将数字图像中的阴影和高光细节呈现出来，选项较为丰富，锐化效果比较温和。可以结合这两个锐化工具来制作高质量的锐化效果。

STEP 13 同样方法，载入图像的高光区域，创建"纯色"调整图层，打开拾色器面板，选择红褐色，为图像高光增加颜色，如图 8-130 所示。

STEP 14 设置该调整图层的混合模式为"颜色减淡"、不透明度为 53%，为人物添加红褐色的金属色调，图像效果如图 8-131 所示。

图 8-130　"拾色器"对话框

图 8-131　设置图层混合模式

STEP 15 按 Ctrl+Shift+Alt+E 组合键，盖印图层。执行"滤镜"|"锐化"|"USM 锐化"命令，在弹出的"USM 锐化"对话框中设置相关参数，锐化人物肌肤，如图 8-132 所示。

STEP 16 单击"确定"按钮，关闭对话框。选择图层面板下方的"创建新的填充或调整图层"按钮，创建"可选颜色"调整图层，在"颜色"下拉列表中调整"白"通道参数，对图像白色高亮区进行微调，如图 8-133 所示。

图 8-132　"USM 锐化"对话框

图 8-133　最终效果

▶打造魅力紫色指甲　　　　▶打造五彩指甲

▶打造个性指甲　　　　　　▶打造完美腿部肌肤

▶打造诱惑丝袜效果

第9章

手足情深——修饰手足

　　在人像摄影中，手部及脚部的线条优美，可以呈现出一幅完美的人像摄影作品。一张人像摄影作品纵使脸部的肌肤再有光泽，而手足的线条不协调、优美，也很难称之为完美的作品。本章主要针对人像照片中的手及脚部进行快捷处理，通过更改指甲色彩、打造个性指甲、美白腿部肌肤等案例的分析和处理，介绍了"液化"工具、图层混合模式等手足修饰的常用工具与方法，利用本章介绍的相关处理方法和工具，能够对人像手足问题进行处理，打造完美的人像摄影作品。

085. 打造魅力紫色指甲

健康的指甲呈现美丽的粉红色，但在人像中往往为了衬托主题会将指甲进行染色。在本实例中，人物的手指甲呈现健康的粉红色，在后期的处理中，可以利用画笔工具更改其指甲的色彩，让指甲变得更加迷人。

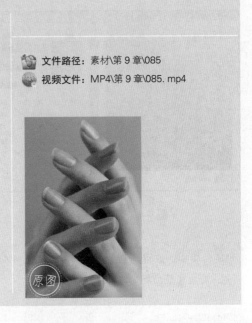

文件路径：素材\第 9 章\085

视频文件：MP4\第 9 章\085.mp4

STEP 01 启动 Photoshop CC 程序后，执行"文件"|"打开"命令，弹出"打开"对话框，选择本书配套光盘中"第 9 章\085\085.jpg"文件，单击"打开"按钮，如图 9-1 所示。

STEP 02 在"图层"面板中，将"背景"图层拖动面板下方的"创建新图层"按钮 ，复制"背景"图层，得到"背景复制"图层，如图 9-2 所示。

STEP 03 选择工具箱中的"画笔"工具 ，设置工具选项栏中"画笔"大小为 125px，在"模式"选项右侧的 按钮下拉列表中选择"颜色"选项，如图 9-3 所示。

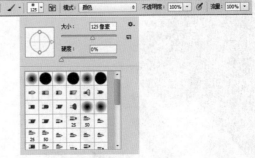

图 9-1　打开文件　　　图 9-2　图层面板　　　图 9-3　"画笔"参数

STEP 04 选择"设置前景色"按钮，在弹出的"拾色器（前景色）"对话框中选择紫色（#a800ff），如图 9-4 所示。

😊 技 巧： 拍摄少女摄影时，不要让人或局部人脸在画面上占太多面积，应尽量在画面中留下一定的透气空间。

STEP 05 使用"画笔"工具 ✏ 在其中一个指甲上涂抹，为其上色，如图 9-5 所示。

STEP 06 同上述操作方法，依次使用"画笔"工具 ✏ 在各个指甲涂抹，为其添加魅力的紫色指甲，如图 9-6 所示。

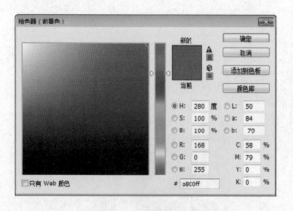

图 9-4 "拾色器"对话框

图 9-5 画笔上色

图 9-6 最终效果

😊 技 巧： 在拍摄坐姿人像时应注意坐姿人像适宜是否适宜表现静态的表情；当模特坐定时，不要坐得太实，而应虚坐，后背不要靠在椅背上。

086. 打造五彩指甲

　　五彩的指甲能瞬间提升人物的形象，让其气质变得独树一帜。在本实例中，人物的指甲原来就有一层黑色的指甲油，但这并不影响为其添加不同的色彩，在后期处理中，可以利用图层的混合模式为指甲添加不同的色彩，让指甲变得与众不同。

🎁 文件路径：素材\第 9 章\086

🎬 视频文件：MP4\第 9 章\086. mp4

STEP 01 启动 Photoshop CC 程序后，执行"文件"|"打开"命令，弹出"打开"对话框，选择本书配套光盘中"第 9 章\086\086.jpg"文件，单击"打开"按钮，如图 9-7 所示。

STEP 02 按 Ctrl++ 组合键放大图像，按 Ctrl+J 组合键复制"背景"图层，得到"图层 1"。选择"钢笔"工具 ✐，设置工具选项栏中的"工具模式"为"路径"，在中指指甲上绘制路径，如图 9-8 所示。

STEP 03 按 Ctrl+Enter 组合键，将路径转换为选区，如图 9-9 所示。

图 9-7 打开文件   图 9-8 创建路径   图 9-9 转换选区

STEP 04 选择图层面板下方的"创建新图层"按钮 ▭，新建图层。设置前景色为蓝色（#0662ed），按 Alt+Delete 组合键填充前景色，如图 9-10 所示。

STEP 05 在"图层"面板的混合选项中选择"颜色减淡"模式，此时图像效果如图 9-11 所示。

STEP 06 按 Ctrl+D 组合键取消选区。同上述操作方法，为其他的手指甲更换指甲色彩（其中食指与无名指的混合模式为"颜色减淡"、小指的混合模式为"滤色"），如图 9-12 所示。

图 9-10 填充前景色   图 9-11 设置图层混合模式   图 9-12 最终效果

技巧：服装的选择上，尽量不要选择宽松肥大的服装，最好是紧身一点的，更好地体现身体曲线与四肢线条，尤其是肩部、腰部与腿部关键之处。

087. 打造个性指甲

美甲一直都是非常流行的元素，生活中有很多女性会到专门的美甲中心美甲或是自己 DIY。在实例中，人物素材本身指甲就有色彩，但是比较的普通，不够新颖，在后期的处理中可以其添加不同的渐变色，再结合图层混合模式的变化，就能制作出自己 DIY 指甲作品。

文件路径：素材\第 9 章\087
视频文件：MP4\第 9 章\087. mp4

STEP 01 启动 Photoshop CC 程序后，执行"文件"|"打开"命令，弹出"打开"对话框，选择本书配套光盘中"第 9 章\087\087.jpg"文件，单击"打开"按钮，如图 9-13 所示。

STEP 02 在"图层"面板中，将"背景"图层拖动面板下方的"创建新图层"按钮，复制"背景"图层，得到"背景复制"图层，如图 9-14 所示。

图 9-13　打开文件　　　　　　　　　　　　　　图 9-14　图层面板

STEP 03 选择工具箱中的"钢笔"工具，设置工具选项栏中的"工具模式"为"路径"，在人物左手食指指甲上创建路径，如图 9-15 所示。

STEP 04 按 Ctrl+Enter 组合键，将路径转换为选区，如图 9-16 所示，选择图层面板下方的"创建新图层"按钮，新建图层。

STEP 05 选择工具箱中的"渐变"工具，单击工具选项栏中的按钮，打开"渐变编辑器"对话框，设置红色（#ff0000）到洋红色（#e513cf）到黄色（#eaff00）的渐变，如图 9-17 所示。

图 9-15 创建路径

图 9-16 转换为选区

图 9-17 "渐变编辑器"对话框

STEP 06 单击"确定"按钮，关闭"渐变编辑器"对话框。按下工具选项栏中的"线性渐变"按钮，从选区的右下方往左上方拖动拷贝标，填充线性渐变，如图 9-18 所示。

STEP 07 在"图层"面板中设置该图层的混合模式为"色相"，此时图像效果如图 9-19 所示。

STEP 08 按 Ctrl+D 组合键，取消选区。同方法，在中指指甲上创建选区，选择"渐变"工具，单击工具选项栏中的按钮，打开"渐变编辑器"对话框，对话框中选择默认的渐变色，如图 9-20 所示。

图 9-18 填充线性渐变

图 9-19 设置图层混合模式

图 9-20 "渐变编辑器"对话框

STEP 09 新建图层，填充线性渐变，在"图层"面板中设置该图层的混合模式为"差值"，如图 9-21 所示。

STEP 10 按 Ctrl+D 组合键取消选区。同上述操作方法，依次为其他的指甲添加不同的渐变色，并设置不同的图层混合模式，效果如图 9-22 所示。

STEP 11 选择工具箱中的"自定形状"工具，设置工具选项栏中的"工具模式"为"形状"，"填充"为"白色"，"描边"为"无"，"形状"下拉列表中选择"拼贴 4"，在指甲上绘制形状，如图 9-23 所示。

STEP 12 按 Ctrl+H 组合键，隐藏路径。按 Ctrl+T 组合键显示定界框，将光标放在控制点的终点位置，当光标变为 ↻ 状时，旋转图像，如图 9-24 所示。

STEP 13 按住 Ctrl 键，将光标放在其中的一个控制点上，当光标变为 ▷ 状时，单击并拖动光标斜切形状，如图 9-25 所示。

图 9-21 设置混合模式　　　　　图 9-22 为指甲上色　　　　　图 9-23 绘制图形

STEP 14 按下回车键确认变形操作，同方法在其他的指甲上制作各种不一样的图案，美化指甲，如图 9-26 所示。

图 9-24 旋转图像　　　　　图 9-25 斜切图像　　　　　图 9-26 最终效果

088. 打造完美腿部肌肤

拥有完美的腿型使人物看上去更加美丽、气质不凡，粗糙的皮肤却让人看起来显得非常平庸。在本实例中，人物腿型已经很完美了，但是腿部上的肌肤却不是很光滑，在后期处理中，可以利用"模糊"命令美化腿部肌肤，再利用"液化"命令调整腿部的腿型，让双腿展现出迷人光彩。

文件路径：素材\第 9 章\088

视频文件：MP4\第 9 章\088. mp4

STEP 01 启动 Photoshop CC 程序后，执行"文件"|"打开"命令，弹出"打开"对话框，选择本书配套光盘中"第 9 章\088\088.jpg"文件，单击"打开"按钮，如图 9-27 所示。

STEP 02 按 Ctrl+J 组合键复制"背景"图层，得到"图层 1"。选择工具箱中的"修补"工具，修饰腿部的瑕疵部分，如图 9-28 所示。

STEP 03 按 Ctrl+J 组合键复制图层。选择工具箱中的"以快速蒙版模式编辑"按钮，进入快速蒙版编辑模式，选择工具箱中的"画笔"工具，用光标在图像中人物腿部处进行涂抹，涂抹后的区域变为红色，如图 9-29 所示。

图 9-27 打开文件   图 9-28 修复瑕疵   图 9-29 "快速蒙版编辑"状态

STEP 04 涂抹好后，选择工具箱中的"以标准模式编辑"按钮，即可将涂抹后的区域转换为选区，反选选区，按 Shift+F6 组合键羽化 20 像素，如图 9-30 所示。

STEP 05 单击"确定"按钮，关闭对话框。执行"滤镜"|"杂色"|"蒙尘与划痕"命令，在打开的"蒙尘与划痕"对话框中设置相关参数，美化肌肤，如图 9-31 所示。

STEP 06 单击"确定"按钮，关闭对话框，按 Ctrl+D 组合键取消选区。按住 Alt 键选择图层面板下的"添加图层蒙版"按钮，为该图层添加一个反相的蒙版，选择工具箱中的"画笔"工具，设置前景色为白色，不透明度为 50%，在人物腿上涂抹，还原肌肤，如图 9-32 所示。

图 9-30 羽化选区   图 9-31 "蒙尘与划痕"对话框   图 9-32 添加蒙版

技巧：婚纱照的拍摄要特别注意被摄主角的情绪和动态等。观察人物言行、把握人物内心感受是表达良好气氛的首要条件。在主体人物所处的拍摄环境中，拍摄者应提示人物传达某种情绪和动态，以迎合场合的需求，充分地融合主角与场景的关系。

STEP 07 按住 Ctrl 键的同时单击图层蒙版，载入蒙版选区。选择图层面板下方的"创建新的填充或调整图层"按钮，创建"色阶"曲线调整图层，在弹出的对话框中拖动滑块，美白肌肤，如图 9-33 所示。

STEP 08 按 Ctrl+Shift+Alt+E 组合键，盖印图层。执行"滤镜"|"液化"命令，打开"液化"对话框，如图 9-34 所示。

图 9-33 "色阶"调整图层

图 9-34 "液化"对话框

STEP 09 选择工具箱中的"向前变形"工具，在人物腿部粗壮的部位由外向内拖曳光标，修整腿部线条，如图 9-35 所示。单击"确定"按钮，关闭对话框，此时图像效果如图 9-36 所示。

图 9-35 液化腿部

图 9-36 最终效果

技巧：拍婚纱照时，常常以花束作为点缀，为画面增彩不少。通常的花束道具应配合画面主体以及主体人物形象，以免导致喧宾夺主，花束的选择以浅色为主。

089. 打造诱惑丝袜效果

着穿丝袜有很多的好处，除了能遮住腿部上的瑕疵还可以提升人物的性感指数。在本实例中，人物有一双极其漂亮的美腿，若是穿上性感的丝袜，立即使人物变成性感尤物，在后期处理中，可以利用"半调图案"命令为腿部增添丝袜纹路感，再利用调整图层更改颜色，让腿部马上呈现性感姿态。

文件路径：素材\第 9 章\089

视频文件：MP4\第 9 章\089. mp4

STEP 01 启动 Photoshop CC 程序后，执行"文件"|"打开"命令，弹出"打开"对话框，选择本书配套光盘中"第 9 章\089\089.jpg"文件，单击"打开"按钮，如图 9-37 所示。

STEP 02 按 Ctrl+J 组合键复制"背景"图层，得到"图层 1"，如图 9-38 所示。

STEP 03 选择工具箱中的"钢笔"工具 ，设置工具选项栏中的"工具模式"为"路径"，在腿部上创建路径，如图 9-39 所示。

图 9-37　打开文件　　　　　图 9-38　图层面板　　　　　图 9-39　创建路径

STEP 04 在"路径"面板中选中该路径，单击鼠标右键，在弹出的快捷菜单中选择"建立选区"选项，如图 9-40 所示。

STEP 05 在弹出的"建立选区"对话框中设置"羽化半径"为 1 像素，如图 9-41 所示。

STEP 06 单击"确定"按钮关闭对话框。按 Ctrl+J 组合键复制选区内的图像到新的图层，执行"图像"|"调整"|"去色"命令，或按 Ctrl+Shift+U 组合键，对复制的图像进行去色处理，如图 9-42 所示。

图 9-40　建立选区

图 9-41　羽化半径

图 9-42　去色

STEP 07 执行"滤镜"|"素描"|"半调图案"命令，在弹出的"半调图案"对话框中设置相关参数，如图 9-43 所示。

STEP 08 单击"确定"按钮关闭对话框，设置该图层的混合模式为"柔光"，如图 9-44 所示。

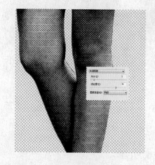

图 9-43　"半调图案"对话框

图 9-44　设置图层混合模式

图 9-45　"色彩平衡"调整图层

STEP 09 选择图层面板下方的"创建新的填充或调整图层"按钮，创建"色彩平衡"调整图层，在弹出的对话框中调整"中间值"的数值，按 Ctrl+Alt+G 组合键创建剪贴蒙版，调整腿部的色彩，如图 9-45 所示。

STEP 10 继续创建"色相/饱和度"调整图层，在弹出的对话框中调整"色相""饱和度""明度"的数值，按 Ctrl+Alt+G 组合键创建剪贴蒙版，调整腿部的色彩，如图 9-46 所示。

图 9-46　最终效果

▶打造纤细手臂　　　　　▶打造修长美腿

▶打造小蛮腰　　　　　　▶打造迷人曲线

▶魅力美胸　　　　　　　▶塑造挺拔美臀

▶人物整体瘦身

第10章
婀娜多姿——打造魔鬼身材

　　"瘦身"不管是什么年纪的女性都热衷讨论的话题。当然，在人像摄影中，身材苗条的女子拍摄出来的作品会显得整体的线条优美、画面唯美；而身材健硕的女子拍摄出来的作品则会显得整体不协调，十分显胖。本章主要针对人像照片中人物的身材进行快速处理，通过塑造完美身材、丰胸提臀、打造小蛮腰等案例的分析和处理，详细讲解了"变形"工具、图层蒙版、图层混合模式等常用工具的使用方法，利用本章介绍的相关处理方法和工具，可以对人物身材进行修饰，使人物更有气质。

090. 打造纤细手臂

　　在拍摄人像时，由于拍摄的对象因先天性的条件限制，会造成人像的手臂粗壮等问题的出现。本案例中素材人物的上手臂有些微胖，会显得整体画面的意境不够，在后期的处理中，通过"液化"命令可以将人物的手臂变得纤细且细长，增加了人物的美感。

文件路径：素材\第 10 章\090

视频文件：MP4\第 10 章\090. mp4

STEP 01 启动 Photoshop CC 程序后，执行"文件"|"打开"命令，弹出"打开"对话框，选择本书配套光盘中"第 10 章\090\090.jpg"文件，单击"打开"按钮，如图 10-1 所示。

STEP 02 在"图层"面板中，将"背景"图层拖动面板下方的"创建新图层"按钮，复制"背景"图层，得到"背景复制"图层，如图 10-2 所示。

图 10-1　打开文件

图 10-2　图层面板

STEP 03 执行"滤镜"|"液化"命令，或按 Ctrl+Shift+X 组合键，打开"液化"对话框，如图 10-3 所示。

STEP 04 选择工具箱中的"向前变形"工具，在右侧的选项栏中设置相关参数，如图 10-4 所示。

图 10-3 "液化"对话框   图 10-4 "液化"参数

 技 巧： 在拍摄人物时应尽量避免中午时刻在室外拍摄，因为太阳光从正上方投射，会导致人物的黑眼圈及眼袋加重和突出。

STEP 05 使用"向前变形"工具，在手臂周围从外往内拖曳光标，变瘦人物手臂，如图 10-5 所示。

STEP 06 单击"确定"按钮，关闭对话框，此时图像效果如图 10-6 所示。

图 10-5 修整手臂   图 10-6 最终效果

技 巧： 在拍摄时，每个人都有最适合自己的角度，或正或侧。一般如果想要加强脸部轮廓突出鼻梁，最好拍摄全侧面或侧面 45° 角；如果想要掩饰宽大的额头，最好不要选择高角度，而是选择低角度进行拍摄。

091. 打造修长美腿

修长的双腿使人看上去高挑，粗短的双腿让人物身材比例不够完美。在本实例中，素材人物的腿型比较纤细，但是不够修长，在后期处理中可以通过拉伸人物让整体比例变得高挑，增加其魅力。

文件路径：素材\第 10 章\091

视频文件：MP4\第 10 章\091. mp4

STEP 01 启动 Photoshop CC 程序后，执行"文件"|"打开"命令，弹出"打开"对话框，选择本书配套光盘中"第 10 章\091\091.jpg"文件，单击"打开"按钮，如图 10-7 所示。

STEP 02 按 Ctrl++组合键放大图像，按 Ctrl+J 组合键复制"背景"图层，得到"图层 1"。选择工具箱中的"矩形选框"工具 ，在图像中创建如图 10-8 所示的选区。

STEP 03 按 Ctrl+T 组合键显示定界框，将光标放在定界框中间的控制点上，当光标变为 ⬍ 状时，向外拖动光标即可将人物腿部拉长，如图 10-9 所示。

图 10-7　打开文件　　　　　　图 10-8　创建选区　　　　　　图 10-9　拖动定界框

STEP 04 按下回车键确认变形操作，按 Ctrl+D 组合键取消选区。此时图像效果如图 10-10 所示。

STEP 05 观察图像效果，我们发现模特的腿特别的修长，导致上身比较的短小了。选择工具箱中的"矩形选框"工具 ，在人物上半身上创建选区，如图 10-11 所示。

STEP 06 同上述操作方法，将人物上半身也进行拉伸，如图 10-12 所示。

技巧：　在拍摄中为了能够更加突出双眼，可以采取俯视的取景角度，人物脸部向上仰，这样就可以拍出瓜子脸和大眼睛的照片效果。

图 10-10　图像效果

图 10-11　拉长人物

图 10-12　最终效果

092. 打造小蛮腰

　　腰部是最能展现女性美感的部分之一，迷人的小蛮腰是美女追求中不可缺少的一部分。在本实例中，人物的腰部本身就很完美了，但还可以更加性感一些，在后期处理中，通过变形工具对腰部的处理，让腰部看上去更加的性感，增加人物的妖媚感。

　　文件路径：素材\第 10 章\092
　　视频文件：MP4\第 10 章\092. mp4

STEP 01 启动 Photoshop CC 程序后，执行"文件"|"打开"命令，弹出"打开"对话框，选择本书配套光盘中"第 10 章\092\092.jpg"文件，单击"打开"按钮，如图 10-13 所示。

STEP 02 在"图层"面板中，将"背景"图层拖动面板下方的"创建新图层"按钮，复制"背景"图层，得到"背景复制"图层，如图 10-14 所示。

STEP 03 选择工具箱中的"矩形选框"工具，在如图 10-15 所示的位置上创建选区。

图 10-13　打开文件　　　　图 10-14　图层面板　　　　图 10-15　创建选区

STEP 04 按 Ctrl+J 组合键复制选区内的图像到新的图层中，按 Ctrl+T 组合键显得定界框，单击鼠标右键，在弹出的快捷菜单中选择"变形"选项，此时图像上会显示出变形网格，如图 10-16 所示。

STEP 05 将光标放置在网格中间，向左拖动网格，使图像向内收缩，如图 10-17 所示。

图 10-16　"变形"选项　　　　　　图 10-17　拖动网格

STEP 06 按下回车键，我们可以看到瘦身的前后对比图，如图 10-18 所示。

STEP 07 同上述瘦腰的操作方法，将另一半的腰身也进行瘦身处理，如图 10-19 所示。

STEP 08 在"图层"面板中选择最顶层，按 Ctrl+Shift+Alt+E 组合键，盖印图层。执行"滤镜" | "液化"命令，在打开的对话框中对人物进行液化处理，单击"确定"按钮，关闭对话框，图像效果如图 10-20 所示。

图 10-18　对比图　　　　图 10-19　腰部瘦身　　　　图 10-20　最终效果

093。打造迷人曲线

采用"S"型构图，不仅可以展现出女性的柔光感，还能让腰部完美地呈现出美感。在本实例中，人物腰部赘肉较多，没有女性应有的曲线美，在后期的处理中可以通过"滤镜"命令中的"挤压"命令，将人物的腰部曲线挤压处理，使其身材看上去更具有曲线美，使人物更加迷人。

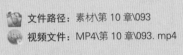
文件路径：素材\第 10 章\093
视频文件：MP4\第 10 章\093. mp4

STEP 01 启动 Photoshop CC 程序后，执行"文件"|"打开"命令，弹出"打开"对话框，选择本书配套光盘中"第 10 章\093\093.jpg"文件，单击"打开"按钮，如图 10-21 所示。

STEP 02 按 Ctrl+J 组合键复制"背景"图层，得到"图层 1"。选择工具箱中的"矩形选框"工具，在如图 10-22 所示的位置上创建选区。

图 10-21　打开文件

图 10-22　创建选区

STEP 03 执行"滤镜"|"扭曲"|"挤压"命令，在弹出的"挤压"对话框中设置相关参数，如图 10-23 所示。

STEP 04 单击"确定"按钮，关闭对话框，此时图像效果如图 10-24 所示。

图 10-23　"挤压"对话框

图 10-24　图像效果

技巧：拍摄时，如果人物处于大面积的阴影部分，应对阴影部分的中间调进行测光，着重表现人物周围的环境，可以忽略小面积亮部中的细节，让照片成为具有可看的细节又有整体光影效果的优秀作品。

STEP 05　按 Ctrl+D 组合键取消选区。执行"滤镜"|"液化"命令，在打开的对话框中对人物进行液化处理，如图 10-25 所示。

STEP 06　单击"确定"按钮，关闭对话框，此时图像效果如图 10-26 所示。

图 10-25　"液化"对话框

图 10-26　最终效果

技巧：在使用液化滤镜时，按住 Alt 键的同时对已修改的图像进行涂抹，可以恢复图像原状。

094. 魅力美胸

　　胸部是评判女性性感的标准之一，小而扁平的胸部就像飞机场，没有半点女性的美感。在本实例中，人物身穿性感的比基尼，但胸部且是平平，在后期处理中，可以利用"滤镜"命令中的"球面化"命令，将人物的胸部瞬间增大，提升了人物的性感度。

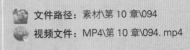

文件路径：素材\第 10 章\094

视频文件：MP4\第 10 章\094.mp4

STEP 01 启动 Photoshop CC 程序后，执行"文件"|"打开"命令，弹出"打开"对话框，选择本书配套光盘中"第 10 章\094\094.jpg"文件，单击"打开"按钮，如图 10-27 所示。

STEP 02 按 Ctrl+J 组合键复制"背景"图层，得到"图层 1"，如图 10-28 所示。

STEP 03 选择工具箱中的"椭圆选框"工具，在如图 10-29 所示的位置创建选区。

图 10-27　打开文件　　　图 10-28　图层面板　　　　　　图 10-29　创建选区

STEP 04 执行"选择"|"修改"|"羽化"命令，或按 Shift+F6 组合键，在打开的"羽化选区"对话框中设置"羽化半径"为 100 像素，如图 10-30 所示。

STEP 05 执行"滤镜"|"扭曲"|"球面化"命令，在弹出的"球面化"对话框中设置相关参数，如图 10-31 所示。

STEP 06 单击"确定"按钮关闭对话框，按 Ctrl+D 组合键取消选区。此时图像效果如图 10-32 所示。

技巧：拍摄黑白单色影调的照片时，取景非常重要。一般选择对比强烈、光影感强的景物或是人来拍摄，这样拍出来的单色照片可以忽略色彩的层次，增强照片中物体的立体感，产生丰富多变的光影效果。

图 10-30　羽化选区　　　　图 10-31　"球面化"对话框　　　图 10-32　最终效果

095. 塑造挺拔美臀

　　前凸后翘，是评定美臀的重要条件。在本实例中，人物没有曲线，臀部线条也不够明显，使照片没有亮点所在，在后期处理中，可以通过"液化"命令中的工具对其进行变形处理，让人物的腰部及臀部曲线变得十分的优美，完善画面效果。

　　文件路径：素材\第 10 章\095
　　视频文件：MP4\第 10 章\095. mp4

STEP 01 启动 Photoshop CC 程序后，执行"文件"|"打开"命令，弹出"打开"对话框，选择本书配套光盘中"第 10 章\095\095.jpg"文件，单击"打开"按钮，如图 10-33 所示。

STEP 02 按 Ctrl+J 组合键复制"背景"图层，得到"图层 1"，如图 10-34 所示。

STEP 03 执行"滤镜"|"液化"命令，打开"液化"命令对话框，如图 10-35 所示。

技巧：在林间拍摄时，选择相对简单或色彩较纯正的背景加以衬托，可以营造出自然惬意的氛围，从而带动观者的情绪。

图 10-33 打开文件　　　　图 10-34 图层面板　　　　图 10-35 "液化"对话框

STEP 04 选择工具箱中的"向前变形"工具 ，在右边选项栏中设置画笔大小、画笔压力，如图 10-36 所示。

STEP 05 用设置好的工具在人物腰部区域按住光标向前适当推动，液化人物的腰部，如图 10-37 所示。

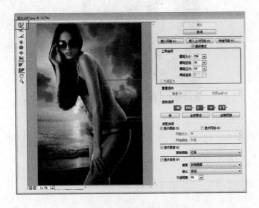

图 10-36 参数设置　　　　　　　　　　图 10-37 为腰部瘦身

STEP 06 用设置好的工具在人物臀部向前适当推动，液化人物的臀部，如图 10-38 所示。

STEP 07 单击"确定"按钮，关闭对话框，此时图像效果如图 10-39 所示。

图 10-38 提臀　　　　　　　　　　图 10-39 最终效果

096. 人物整体瘦身

　　合适的身材会让人看上去更赏心悦目。在本实例中，人物偏胖、矮小，且腿部赘肉明显，破坏了照片的整体效果，在后期处理中，可以通过"液化"命令将人物进行瘦身处理，再利用变形工具对腿部多余赘肉进行处理，使其身材更加完美。

　　文件路径：素材\第 10 章\096

　　视频文件：MP4\第 10 章\096. mp4

STEP 01 启动 Photoshop CC 程序后，执行"文件"|"打开"命令，弹出"打开"对话框，选择本书配套光盘中"第 10 章\096\096.jpg"文件，单击"打开"按钮，如图 10-40 所示。

STEP 02 按 Ctrl+J 组合键复制"背景"图层，得到"图层 1"，如图 10-41 所示。

STEP 03 执行"滤镜"|"液化"命令，打开"液化"命令对话框，如图 10-42 所示。

图 10-40　打开文件　　　　图 10-41　图层面板　　　　图 10-42　"液化"对话框

STEP 04 选择工具箱中的"向前变形"工具 ，在右边选项栏中设置画笔大小、画笔压力，如图 10-43 所示。

STEP 05 用设置好的工具在人物的手臂、大腿、头部等地方拖曳光标向前适当的推动，为人物整体瘦身，如图 10-44 所示。

图 10-43 设置参数

图 10-44 人物瘦身

STEP 06 单击"确定"按钮，关闭对话框，此时瘦身前后的对比图如图 10-45 所示。

STEP 07 放大图像我们发现人物模特的腿部有太多的赘肉，十分不美观，如图 10-46 所示。

STEP 08 执行"滤镜"|"液化"命令，使用"向前变形"工具，将腿部的赘肉进行修整（人物的腿部赘肉由于被袜子勒紧，所以出现了大量的赘肉），如图 10-47 所示。

图 10-45 瘦身对比图

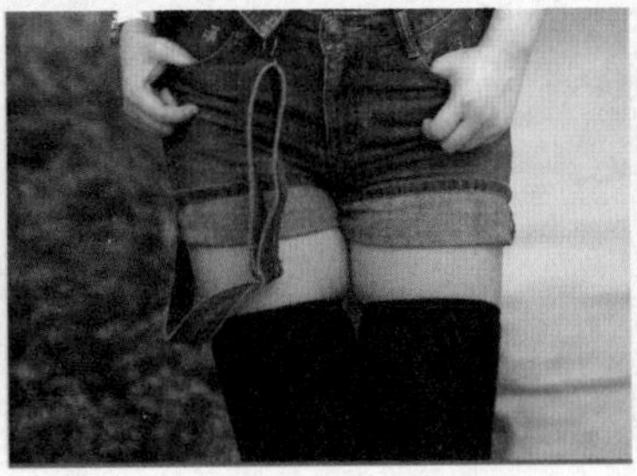

图 10-46 腿部图像

图 10-47 修整腿部赘肉

STEP 09 按 Ctrl+Shift+Alt+E 组合键，盖印图层。选择工具箱中的"磁性套索"工具，在如图 10-48 所示的位置创建选区。

STEP 10 按 Ctrl+J 组合键复制选区内的图像至新图层中，按 Ctrl+T 组合键显示定界框，单击鼠标右键，在弹出的快捷菜单中选择"变形"选项，此时图像上会显示出变形网格，将光标放置在网格中间，向左拖动网格，使图像向内收缩，如图 10-49 所示。

STEP 11 同样方法，将另一只腿上的赘肉也进行修整处理，如图 10-50 所示。

STEP 12 在"图层"面板中选择"图层 1"图层。选择工具箱中的"套索"工具，在背景绿色植物创建选区，按 Ctrl+J 组合键复制选区中的图像，并移动图像至两腿之间，如图 10-51 所示。

STEP 13 选择工具箱中的"橡皮擦"工具，将多余的图像擦除掉，这样腿部的赘肉就去除掉了，如图 10-52 所示。

图 10-48 创建选区

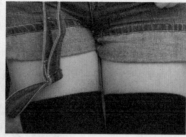

图 10-49 变形图像

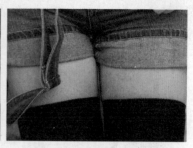

图 10-50 变形图像

STEP 14 按 Ctrl+Shift+Alt+E 组合键，盖印图层。选择"矩形选框"工具，在人物上半身创建选区，按 Ctrl+T 组合键显示定界框，拉长人物，使人物整体变得修长，如图 10-53 所示。

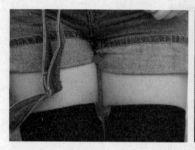

图 10-51 移动图像

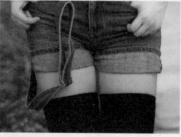

图 10-52 擦除图像

图 10-53 最终效果

▶ 童颜　　　　　　　▶ 童趣——我是超人奥特曼
▶ 梦境——独自旅行　　▶ 我是小小男子汉

第11章
天真烂漫——儿童数码照片修饰

　　对于每对父母而言，自己的孩子都是独一无二的。随着时光流逝，婴儿与孩童的生活照片显得格外珍贵，唯有摄影能够将幼童的成长过程和千姿百态的活动永久地留存下来！本章主要针对儿童数码照片进行快捷处理，通过几个案例的分析和处理，详细介绍了儿童数码照片该注意的问题和该处理的问题，利用本章介绍的相关处理方法，可以随心所欲地对儿童数码照片进行修复与处理，使儿童更具有儿童的本质。

097. 童颜

　　宝宝的表情千变万化、举手投足间总是天真浪漫，是天生的表演者。在本实例中，宝宝的构图及表情抓拍的很好，但是没有体现出宝宝细嫩光滑的肌肤，让宝宝看起来十分疲劳，在后期的处理中，首先要重现水嫩肌肤，然后打造出明亮的眼睛，再现宝宝天真无邪的童颜。

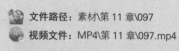
文件路径：素材\第 11 章\097
视频文件：MP4\第 11 章\097.mp4

STEP 01 启动 Photoshop CC 程序后，执行"文件"|"打开"命令，弹出"打开"对话框，选择本书配套光盘中"第 11 章\097\097.jpg"文件，单击"打开"按钮，如图 11-1 所示。

STEP 02 在"图层"面板中，将"背景"图层拖动面板下方的"创建新图层"按钮 🖫，复制"背景"图层，得到"背景复制"图层，如图 11-2 所示。

图 11-1　打开文件

图 11-2　图层面板

STEP 03 选择图层面板下方的"创建新的填充或调整图层"按钮 ⬤，创建"色彩平衡"调整图层，在弹出的对话框中分别调整"阴影""中间调""高光"的数值，去除宝宝脸上的黄色，如图 11-3 所示。

> 👨‍🎓 **技 巧：** 拍摄半身人像需要根据人物表现来决定画幅的使用。横画幅可以较多地收取画面中的各种有利元素，给予画面横向延伸感；使用竖画幅拍摄半身人像则很常见，这样的拍摄方式符合视觉习惯，同时也降低了拍摄失败的风险。

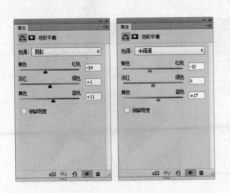

图 11-3　"色彩平衡"对话框

STEP 04 创建"曲线"调整图层，在弹出的对话框中调整 RGB 通道参数（第 1 个节点参数为输入 66、输出 64），增加人物的对比度，如图 11-4 所示。

STEP 05 选择工具箱中的"套索"工具 ，在宝宝头上创建选区，按 Shift+F6 组合键羽化 10 像素，如图 11-5 所示。

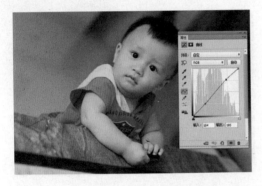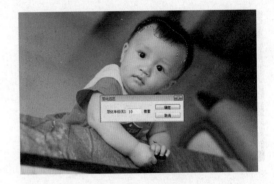

图 11-4　"曲线"调整图层　　　　　　　　　图 11-5　羽化选区

STEP 06 选择图层面板下方的"创建新的填充或调整图层"按钮 ，创建"可选颜色"调整图层，在"颜色"通道的下拉列表中调整"红"通道参数，去除选区内的红通道的色彩，如图 11-6 所示。

STEP 07 同上述创建选区的方法，在宝宝脸颊上创建如图 11-7 所示选区。

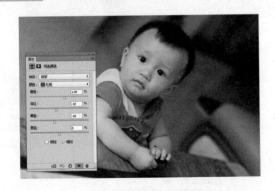

图 11-6　"可选颜色"调整图层　　　　　　　图 11-7　创建选区

STEP 08 按 Shift+F6 组合键羽化 20 像素。创建"曲线"调整图层，在弹出的对话框中调整"RGB 通道"、"红"通道及"蓝"通道的参数，调整宝宝的肌肤，如图 11-8 所示。

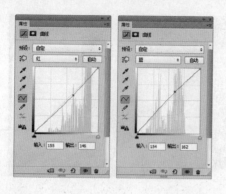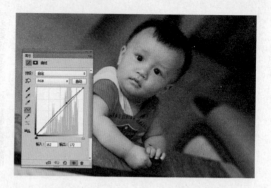

图 11-8   "曲线"调整图层

STEP 09 创建"可选颜色"调整图层，在"颜色"通道的下拉列表中调整"黄"通道参数，去除图像中的黄色，如图 11-9 所示。

STEP 10 按 Ctrl+Shift+Alt+E 组合键，盖印图层。选择工具箱中的"减淡"工具 ，在宝宝右边脸颊处涂抹，减淡肤色偏深的区域，如图 11-10 所示。

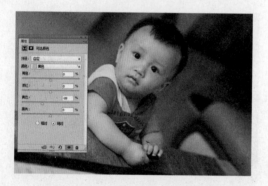

图 11-9   "可选颜色"调整图层   图 11-10   减淡人物肤色

STEP 11 选择工具箱中的"修复画笔"工具 ，在选项栏中对该工具进行设置，按住 Alt 键在人物脸部取样，然后修复有瑕疵的皮肤，如图 11-11 所示。

STEP 12 按 Ctrl+J 组合键，复制图层。执行"滤镜"|"杂色"|"蒙尘与划痕"命令，在打开的"蒙尘与划痕"对话框中设置相关参数，如图 11-12 所示。

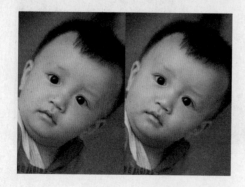

图 11-11   去除瑕疵   图 11-12   "蒙尘与划痕"对话框

STEP 13 单击"确定"按钮，关闭对话框。按住 Alt 键选择图层面板下的"添加图层蒙版"按钮 ，为该图层添加一个反向蒙版，选择工具箱中的"画笔"工具 ✎，设置前景色为白色，不透明度 40%，在人物脸上涂抹，对宝宝进行磨皮处理，如图 11-13 所示。

STEP 14 按 Ctrl+Shift+Alt+E 组合键，盖印图层。选择工具箱中的"椭圆选框"工具 ⬭，按住 Shift 键在宝宝眼睛上创建选区，按 Ctrl+J 组合键复制选区内的图像，执行"图像"|"调整"|"色阶"命令，或按 Ctrl+L 组合键，打开"色阶"对话框，拖动各个滑块调整选内的图像，让宝宝的眼睛更加有神，如图 11-14 所示。

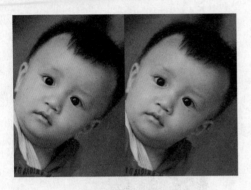

图 11-13　添加蒙版

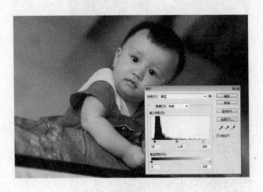

图 11-14　"色阶"对话框

STEP 15 单击"确定"按钮，关闭对话框。选择图层面板下方的"创建新的填充或调整图层"按钮 ◐，创建"色相/饱和度"调整图层，在弹出的对话框中调整"饱和度"参数，加强人物的饱和度，如图 11-15 所示。

STEP 16 按 Ctrl+O 组合键，打开"素材"文件，选择工具箱中的"移动"工具 ⊹ 将素材拖曳到编辑的文档中，适当调整其文字和大小，图像效果如图 11-16 所示。

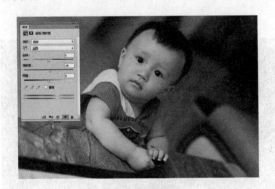

图 11-15　"色相/饱和度"调整图层

图 11-16　最终效果

技巧： 与环境做互动这种方式需要摄影师平时就培养对环境的观察能力，多观察环境，多想象，这样在实际拍摄时就会比较容易发挥。

098. 童趣——我是超人奥特曼

　　照片记录着成长的经历，儿童游戏时轻松快乐的气氛会生动地定格在画面中。本案例中记录小孩玩耍时轻松快乐时的神态，但小孩的皮肤稍显疲惫，没有了活力，在后期的处理中，可以对小男孩的皮肤稍作修饰，然后调整整幅图像的色彩，让色彩变得更加的艳丽，显示出小孩子天生活泼好动的性情。

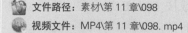
文件路径：素材\第 11 章\098
视频文件：MP4\第 11 章\098. mp4

STEP 01 启动 Photoshop CC 程序后，执行"文件"|"打开"命令，弹出"打开"对话框，选择本书配套光盘中"第 11 章\098\098.jpg"文件，单击"打开"按钮，如图 11-17 所示。

STEP 02 按 Ctrl++组合键放大图像，按 Ctrl+J 组合键复制"背景"图层，得到"图层 1"。选择工具箱中的"修补"工具 ，在选项栏中进行相应的设置，去除小孩脸颊上的瑕疵，如图 11-18 所示。

图 11-17 打开文件

图 11-18 去除瑕疵

STEP 03 执行"选择"|"色彩范围"命令，在弹出的对话框中用吸管工具在小孩脸颊上单击，选取小孩脸颊上的肌肤选区，如图 11-19 所示。

STEP 04 单击"确定"按钮，关闭对话框。执行"选择"|"修改"|"羽化"命令，在打开的"羽化选区"对话框中设置"羽化半径"为 20 像素，如图 11-20 所示。

STEP 05 选择图层面板下方的"创建新的填充或调整图层"按钮 ⚙，创建"纯色"调整图层，在弹出的"拾色器"对话框中选取白色，并设置该图层的混合模式为"柔光"、不透明度为 42%，调整小孩脸颊上的肌肤，如图 11-21 所示。

图 11-19 "色彩范围"对话框　　　图 11-20 羽化选区　　　图 11-21 "纯色"调整图层

STEP 06 选择图层面板下方的"创建新的填充或调整图层"按钮 ⚙，创建"色相/饱和度"调整图层，在弹出的对话框中调整"绿"通道参数，加强树木的饱和度，如图 11-22 所示。

STEP 07 选择图层面板下方的"创建新的填充或调整图层"按钮 ⚙，创建"可选颜色"调整图层，在"颜色"下拉列表中调整"绿"通道参数，调整树木的色彩，让整个画面意境更加浓烈，如图 11-23 所示。

STEP 08 按住 Ctrl 键单击"图层"面板中的"纯色"调整图层，载入小孩子脸颊的选区。创建"照片滤镜"调整图层，在"属性"面板中设置"颜色"为红色，"浓度"为 27%，设置该调整图层的混合模式为"柔光"、不透明度为 40%，让小孩的皮肤变得红润，如图 11-24 所示。

图 11-22 "色相/饱和度"调整图层　　　　图 11-23 "可选颜色"调整图层

技巧：如果摄影师有随身相机，可以拿出来让模特当玩具玩玩，甚至可以让模特自拍，顺便观察一下模特自拍的角度和拍出来的效果，可以作为拍摄该模特的参考。

STEP 09 按 Ctrl+Shft+Alt+E 组合键，盖印图层。执行"滤镜"|"模糊"|"高斯模糊"命令，按住 Alt 键选择图层面板下方的"添加图层蒙版"按钮 ▢，为该图层添加一个反相的蒙版，选择工具箱中的"画笔"工具 ✏，设置前景色为白色，适当降低其不透明度，在小孩的肌肤上涂抹，

对小孩进行磨皮处理，如图 11-25 所示。

STEP 10 按 Ctrl+Shft+Alt+E 组合键，盖印图层。选择工具箱中的"套索"工具 ⊘，在小孩眼睛上创建选区，按 Shift+F6 组合键羽化 10 像素，按 Ctrl+J 组合键复制选区内的图像至新的图层中。按 Ctrl+T 组合键显示定界框，放大小孩眼睛，使左右眼睛的大小保持一致，如图 11-26 所示。

图 11-24 "照片滤镜"调整图层

图 11-25 磨皮处理

STEP 11 选择工具箱中的"椭圆选框"工具 ○，在人物头部区域创建选区，羽化 50 像素。选择图层面板下的"创建新的填充或调整图层"按钮 ◑，创建"色阶"调整图层，在弹出的对话框中拖动各个滑块，调整小孩的肌肤，如图 11-27 所示。

STEP 12 选择工具箱中的"套索"工具 ⊘，在背景上创建如图 11-28 所示的选区。

图 11-26 扩大眼睛

图 11-27 "色阶"调整图层

STEP 13 按 Shift+F6 组合键羽化 100 像素。选择图层面板下的"创建新的填充或调整图层"按钮 ◑，创建"曲线"调整图层，在弹出的对话框中调整 RGB 通道及"红"通道参数，调整背景色彩，如图 11-29 所示。

技巧：安排模特在画面右下面，会给人一种比较稳重的、对未来有期望的感觉，适合比较正面的拍摄需求；安排模特在画面左下角，会给人一种想要怜惜的感觉，可以用来强调模特较弱的特质。

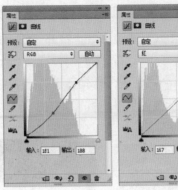

图 11-28 创建选区 　　　　　　　　　　　　图 11-29 最终效果

099. 梦境——独自旅行

　　女孩子最大的特点就是爱幻想，幻想着自己不一样的童话世界。在本实例中，由于光线不足或是环境色的影响，导致拍摄出来的影调偏暗且颜色不对，使女孩缺少了灵气，在后期的处理中，可以利用 Camera Raw 滤镜来处理图片的色调，方便而且快捷，再对脸部皮肤进行修饰，最后加上梦幻般的素材，制作出一幅女孩梦境中的景象。

文件路径：素材\第 11 章\099
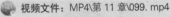
视频文件：MP4\第 11 章\099. mp4

STEP 01 启动 Photoshop CC 程序后，执行"文件"|"打开"命令，弹出"打开"对话框，选择本书配套光盘中"第 11 章\099\099.jpg"文件，单击"打开"按钮，如图 11-30 所示。

STEP 02 在"图层"面板中，将"背景"图层拖动面板下方的

图 11-30 打开文件

图 11-31 图层面板

"创建新图层"按钮，复制"背景"图层，得到"背景复制"图层，如图 11-31 所示。

STEP 03 执行"滤镜"|"Camera Raw"滤镜命令，打开"Camera Raw"滤镜对话框，如图 11-32 所示。

STEP 04 选择右侧的工具选项栏中的"基本"按钮，在其选项栏中设置相关的参数，调整图像的清晰度、饱和度等区域，柔滑女孩的肌肤，如图 11-33 所示。

图 11-32　"Camera Raw"滤镜对话框　　　　图 11-33　"基本"选项

STEP 05 选择"HSL/灰度"选项，在下面的选项栏中调整"色相"参数，让图像色彩变得更加的丰富，如图 11-34 所示。

STEP 06 切换至"饱和度"选项，调整各个颜色的饱和度，增强图像的艳丽度，如图 11-35 所示。

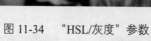

图 11-34　"HSL/灰度"参数　　　　图 11-35　"饱和度"参数

STEP 07 单击"确定"按钮，关闭对话框。执行"编辑"|"转换为配置文件"命令，在弹出的"转换为配置文件"对话框中设置相关参数，如图 11-36 所示。

STEP 08 单击"确定"按钮，关闭对话框。执行"编辑"|"指定配置文件"命令，在弹出的对话框中选择"配置文件"按钮，在其下拉列表中选择"Adobe RGB(1998)"颜色配置模式，如图 11-37 所示。

技巧：将模特的头部安排在画面的右上角，会给人一种亲切、活泼、易亲近的感觉；安排在画面的左上角，则模特看起来比较有精神，会有一种精神抖擞的感觉。

图 11-36　"转换为配置文件"对话框　　　　图 11-37　"指定配置文件"对话框

STEP 09 单击"确定"按钮,关闭对话框。再次执行"编辑"|"转换为配置文件"命令,在弹出的"转换为配置文件"对话框中设置相关参数,如图 11-38 所示。

STEP 10 选择工具箱中的"修补"工具 ,去除女孩子脸颊上的瑕疵,美化肌肤,如图 11-39 所示。

图 11-38　"转换为配置文件"对话框　　　　　　图 11-39　美化肌肤

STEP 11 按 Ctrl+J 组合键,复制图层。执行"滤镜"|"模糊"|"高斯模糊"命令,在打开的"高斯模糊"对话框中设置相关参数,如图 11-40 所示。

STEP 12 单击"确定"按钮,关闭对话框。按住 Alt 键选择图层面板下"添加图层蒙版"按钮 ,为该图层添加一个反向蒙版,选择工具箱中的"画笔"工具 ,设置前景色为白色,不透明度为 50%,在人物肌肤上均匀涂抹,美化肌肤,如图 11-41 所示。

图 11-40　"高斯模糊"对话框　　　　　　　图 11-41　添加蒙版

STEP 13 选择图层面板下方的"创建新的填充或调整图层"按钮 ,创建"色彩平衡"调整图层,在弹出的对话框中调整"中间值"参数,增加整体画面的色彩,如图 11-42 所示。

STEP 14 按 Ctrl+O 组合键，打开"背景"素材。选择工具箱中的"移动"工具 将素材拖曳至编辑的文档中，按 Ctrl+T 组合键适当调整大小和位置，并设置该图层的混合模式为"滤色"，如图 11-43 所示。

图 11-42 "色彩平衡"调整图层 图 11-43 添加素材

STEP 15 选择工具箱中的"橡皮擦"工具 ，在人物脸颊处涂抹，擦除多余的背景图像，如图 11-44 所示。

STEP 16 按 Ctrl+O 组合键，打开"文字"素材。选择工具箱中的"移动"工具 将素材拖曳至编辑的文档中，按 Ctrl+T 组合键适当调整大小和位置，如图 11-45 所示。

图 11-44 擦除素材 图 11-45 最终效果

技巧：在拍摄小女孩时，若是室外拍摄，可以选择一些色彩相对较淡的环境，例如，白色、浅色的场景等，这些都能更好地烘托出画面的气质，同时结合儿童服饰的搭配，也能强化公主般的气质；如果是室内拍摄，可以选择小屋，搭配各种可爱的道具，例如：小熊、花朵等，也可以给小女孩穿一些公主般的小裙子，这样能更好地衬托出小女孩公主般的感觉。

100. 我是小小男子汉

婴儿的表情每一天都不同，每一天都有新的发现，就好像是探险一样，总是有新鲜事物发生，所有在这个时候的记录都是最宝贵的记忆。在本实例中，小孩由于拍摄的原因导致出现模糊不清，在后期的处理中，可以利用 Photoshop CC 的新增功能去除模糊不清的效果，然后对脸部皮肤进行修复，同时打造白嫩细致的肤质，重塑婴儿天真无邪的形象。

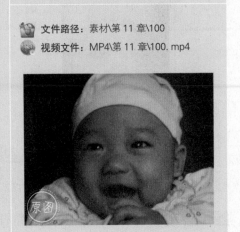

文件路径：素材\第 11 章\100

视频文件：MP4\第 11 章\100. mp4

STEP 01 启动 Photoshop CC 程序后，执行"文件"|"打开"命令，弹出"打开"对话框，选择本书配套光盘中"第 11 章\100\100.jpg"文件，单击"打开"按钮，如图 11-46 所示。

STEP 02 按 Ctrl+J 组合键复制"背景"图层，得到"图层 1"。执行"滤镜"|"锐化"|"防抖"命令，在打开的对话框中选择"高级"选项，勾选"显示模糊评估区域"选项，在人物脸颊处绘制定界框，系统会自动处理模糊的图像，如图 11-47 所示。

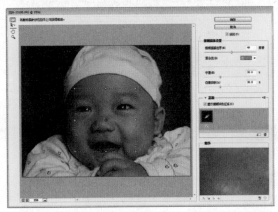

图 11-46　打开文件　　　　　　　　　　图 11-47　"防抖"对话框

STEP 03 单击"确定"按钮，关闭对话框。按 Ctrl+J 组合键复制图层，执行"滤镜"|"模糊"|"高斯模糊"命令，在打开的"高斯模糊"对话框中设置相关参数，如图 11-48 所示。

STEP 04 单击"确定"按钮，关闭对话框。按住 Alt 键选择图层面板下方的"添加图层蒙版"按钮 ，为该图层添加一个反向蒙版，选择工具箱中的"画笔"工具 ，设置前景色为白色，不透明度为 50%，在人物肌肤上均匀涂抹，美化肌肤，如图 11-49 所示。

技巧：将模特安排在画面下方，会给人一种比较稳重的印象，可是感觉会比较平凡；如果把模特安排在画面上方，会让人觉得模特所在的地方比较明亮，充满希望。

图 11-48 "高斯模糊"对话框

图 11-49 添加蒙版

STEP 05 选择图层面板下方的"创建新的填充或调整图层"按钮 ，创建"可选颜色"调整图层，在"颜色"下拉列表中分别调整"红""黄"等通道的参数，调整人物肌肤色彩，如图 11-50 所示。

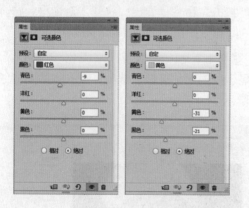

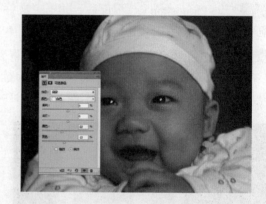

图 11-50 "可选颜色"对话框

STEP 06 创建"曲线"调整图层，在弹出的对话框中调整 RGB 通道参数，提亮人物肌肤亮度，如图 11-51 所示。

STEP 07 按 Ctrl+Shift+Alt+E 组合键，盖印图层。切换至"通道"面板，按住 Ctrl 键单击 RGB 通道，载入人物图像高光区域，按 Ctrl+Shift+I 组合键反选选区，如图 11-52 所示。

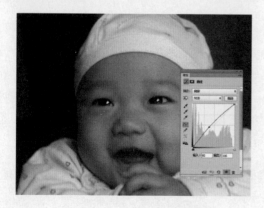

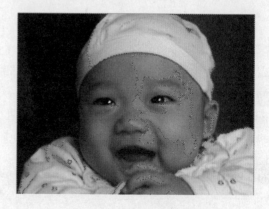

图 11-51 "曲线"对话框

图 11-52 载入高光区域选区

STEP 08 选择图层面板下方的"创建新的填充或调整图层"按钮 ⊙ ，创建"曲线"调整图层，在弹出的对话框中调整 RGB 通道参数，提亮人物肌肤亮度，如图 11-53 所示。

STEP 09 创建"色彩平衡"调整图层，在弹出的对话框中调整"中间调"参数，调整婴孩肌肤，如图 11-54 所示。

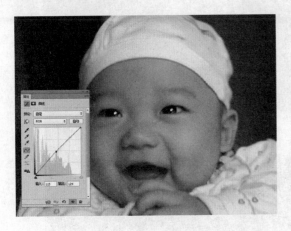

图 11-53 "曲线"调整图层

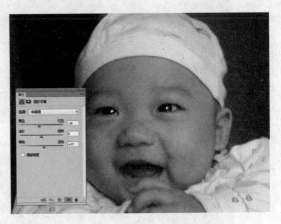

图 11-54 "色彩平衡"调整图层

技巧： 在给宝宝拍照过程中最容易犯的错误就是使用闪光灯，而不用自然光。闪光灯会使物体拍摄出来显得很平，所以在拍摄的时候尽量不要使用闪光灯，特别是拍摄宝宝的时候，因为宝宝外形比较圆而且很软，如果用闪光的话就不能很好捕捉宝宝的眼神而且色差也会掌握得不好。

STEP 10 按 Ctrl+Shift+Alt+E 组合键，盖印图层。选择工具箱中的"修补"工具 ⊕ ，去除人物脸颊上的瑕疵，如图 11-55 所示。

STEP 11 选择工具箱中的"仿制图章"工具 ⊥ ，按 Alt 键在肌肤上取样，释放 Alt 键在肌肤上涂抹，美化肌肤，如图 11-56 所示。

图 11-55 去除瑕疵

图 11-56 最终效果

▶致青春   ▶阳光季节
▶红颜   ▶酷女郎

第12章
千娇百媚——艺术数码照片修饰

　　每个人的青春，都是一场华丽的梦，亦真亦幻，令人迷醉。甜美的果实，盛开的花朵，美好的童话，这是每个人都向往的青春，每个人也都拥有这样的如梦一般的青春岁月，每个纪念青春的方式也不同，有的选择独自一人旅游一场、有的人选择用影像来纪念自己的青春，无论怎样都是对青春的怀念。本章主要针对人像照片中人物全方面的处理，通过对整张照片的分析和处理，详细讲解不同风格照片的修饰方法，利用本章介绍的相关处理方法和工具，可以对不同的照片进行不同的处理。

101. 致青春

有人说,青春是一颗划破天宇的流星,虽然绚丽却很短暂;也有人说,青春是一棵常青树,永不凋零。在本实例中,用绚丽多彩的日系风格来纪念青春,衬托青春的多样性。

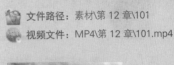

文件路径: 素材\第 12 章\101

视频文件: MP4\第 12 章\101.mp4

STEP 01 启动 Photoshop CC 程序后,执行"文件"|"打开"命令,弹出"打开"对话框,选择本书配套光盘中"第 12 章\101\101.jpg"文件,单击"打开"按钮,如图 12-1 所示。

STEP 02 按 Ctrl+J 组合键复制图层。选择工具箱中的"污点修复画笔"工具 ✐,修复人物脸上的瑕疵,如图 12-2 所示。

图 12-1 打开文件

图 12-2 去除瑕疵

STEP 03 按 Ctrl+J 组合键,复制图层。执行"滤镜"|"杂色"|"蒙尘与划痕"命令,在弹出的对话框中设置相关参数,为人物美化肌肤,如图 12-3 所示。

STEP 04 单击"确定"按钮,关闭对话框。按住 Alt 键选择图层面板下的"添加图层蒙版"按钮 ▣,为该图层添加一个反向蒙版,选择工具箱中的"画笔"工具 ✐,设置前景色为白色,画笔的"不透明度"为 50%,在人物脸上涂抹,美化肌肤,如图 12-4 所示。

图 12-3　"蒙尘与划痕"对话框

图 12-4　画笔涂抹

> 技巧: 手动曝光模式下拍摄时所需要的光圈和快门速度完全由用户决定,用户能够根据自己的艺术创作意图和预计的拍摄效果进行光圈和快门速度的设置。

STEP 05 按 Ctrl+Alt+Shift+E 组合键,盖印图层。选择工具箱的"减淡"工具 🔍,不透明度设置为 15%,在人物肤色不均匀区域涂抹,美白人物肌肤,如图 12-5 所示。

STEP 06 执行"编辑"|"转换为配置文件"命令,在弹出的快捷菜单中设置相关参数,此时图层面板中的所有图层将会合并为一个图层,如图 12-6 所示。

图 12-5　美白肌肤

图 12-6　"转换为配置文件"对话框

STEP 07 单击"确定"按钮,关闭对话框。执行"编辑"|"指定配置文件"命令,在弹出的对话框中选择"配置文件"按钮,在其下拉列表中选择"Adobe RGB(1998)"颜色配置模式,如图 12-7 所示。

STEP 08 单击"确定"按钮,关闭对话框,此时图像效果如图 12-8 所示。

> 技巧: 转换该配置文件,其目的就是提高照片本身的饱和度。比如,一张人像照片若是偏绿色多些,所提升的就是绿色的饱和度;若红色的颜色多些,则提升的就是红色的饱和度。

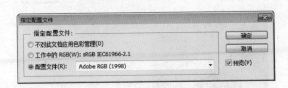

图 12-7 "指定配置文件"对话框

图 12-8 图像效果

STEP 09 执行"滤镜"|"Camera Raw"滤镜命令,打开"Camera Raw"滤镜对话框,如图 12-9 所示。

STEP 10 选择右侧的工具选项栏中的"基本"按钮 ◎,在其选项栏中设置相关的参数,调整图像 的曝光度、阴影等区域,如图 12-10 所示。

图 12-9 "Camera Raw"滤镜对话框

图 12-10 调整"基本"参数

STEP 11 选择右侧的工具选项栏中的"细节"按钮 ▲,在其选项栏中设置相关的参数,调整图像 的杂色,最大程度地美化肌肤,如图 12-11 所示。

STEP 12 选择右侧的工具选项栏中的"相机校正"按钮 ◎,在其选项栏中设置相关的参数,调整 图像的色彩,如图 12-12 所示。

图 12-11 调整"细节"数值

图 12-12 调整"相机校正"数值

STEP 13 选择"分离色调"选项按钮▤，调整其参数，细化图像中的色彩，如图 12-13 所示。

STEP 14 选择"HSL/灰度"选项按钮▥，在下面的选项栏中调整"色相"及"饱和度"的参数，让色彩更加的绚丽，如图 12-14 所示。

图 12-13 调整"分离色调"数值

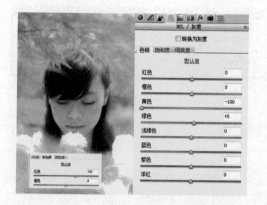

图 12-14 调整"HSL/灰度"数值

技巧：如果照片配置内容是中间选项"工作中的 RGB（W）：sRGB IEC61966-2.1"需要调整的步骤为：（编辑）-（指定配置文件）-"配置文件（R）：Adobe RGB（1998）"-（编辑）-（转换为配置文件）-目标空间"配置文件（R）：sRGB IEC61966-2.1"。

STEP 15 单击"确定"按钮，关闭对话框。选择图层面板下方的"创建新的填充或调整图层"按钮 ◑ ，创建"可选颜色"调整图层，在"颜色"下拉列表中调整"白"通道参数，调整图像中白色的区域，如图 12-15 所示。

STEP 16 再次创建"色相/饱和度"调整图层，在弹出的对话框中调整图像的饱和度，如图 12-16 所示。

图 12-15 "可选颜色"调整图层

图 12-16 "色相/饱和度"调整图层

STEP 17 按 Ctrl+Shift+Alt+N 组合键，新建图层，填充黑色。执行"滤镜"|"渲染"|"镜头光晕"命令，在弹出的对话框中设置相关参数，如图 12-17 所示。

STEP 18 单击"确定"按钮，关闭对话框，在"图层"面板中设置混合模式为"滤色"。选择工具箱中的"橡皮擦"工具 ✐ ，将人物脸上的光线擦除掉，如图 12-18 所示。

STEP 19 按 Ctrl+Alt+Shift+E 组合键，盖印图层。选择工具箱中的"修补"工具 ▦ ，将人物脸上的色斑进行淡化，如图 12-19 所示。

图 12-17 "镜头光晕"对话框　图 12-18 光晕效果　　　　图 12-19 淡化色斑

> **技巧：** 垂直线构图给人以平衡、稳定的视觉感受，多用于表现景物的高度或深度等。使用垂直线构图取景的物体，画面主导线通常具有向上下延伸的特点，常用于拍摄建筑物等对象，可以突出被摄物体的高度和纵伸气度。

STEP 20 按 Ctrl+J 组合键，复制图层。执行"滤镜"|"其他"|"高反差保留"命令，在弹出的对话框中设置相关参数，如图 12-20 所示。

STEP 21 单击"确定"按钮，关闭对话框，在"图层"面板中设置该图层的混合模式为"柔光"，如图 12-21 所示。

STEP 22 按 Ctrl+O 组合键，打开"炫光"素材，选择工具箱中的"移动"工具 将素材拖到编辑的文档中，按 Ctrl+T 组合键调整其大小和位置，设置图层混合模式为"滤色"，如图 12-22 所示。

图 12-20 "高反差保留"对话框　图 12-21 设置图层混合模式　　图 12-22 添加素材

STEP 23 选择图层面板下方的"添加图层蒙版"按钮 ，为该图层添加一个蒙版，选择"画笔"工具 ，用黑色的画笔在图像中间涂抹，隐藏多余的炫光，如图 12-23 所示。

STEP 24 选择图层面板下方的"创建新的填充或调整图层"按钮 ，创建"色相/饱和度"调整图层，在弹出的对话框中调整参数，按 Ctrl+Alt+G 组合键创建剪贴蒙版那，只更改"炫光"图层的色彩，如图 12-24 所示。

STEP 25 按 Ctrl+O 组合键，打开"文字"素材，选择工具箱中的"移动"工具 将素材拖到编辑的文档中，按 Ctrl+T 组合键调整其大小和位置，图像效果如图 12-25 所示。

图 12-23　添加蒙版　　　　　　图 12-24　"色相/饱和度"调整图层　　　　　图 12-25　最终效果

技 巧：水平线构图手法常用于表现地平线的平坦或海平面的宽广，在风光类摄影中使用较为频繁。通常可以借助大自然所具有的地平线特征进行构图与取景，展示风景所具有的大气、宽广、稳定的魅力，同时使观者的视线得到延伸，在拍摄时应注意保证水平线的水平避免歪斜。

102. 阳光季节

　　色彩鲜亮的人像照片能给人一种积极向上、无限活力的感觉，让人物鲜活起来。在本实例中，图像整体色彩比较暗淡、缺少饱和，让人物看起来失去了活力，在后期的处理中，利用"Camera Raw"滤镜调整整体的色调，再为图像添加一些光彩亮丽的光晕素材，让人物整体显得活力十足，光鲜亮丽起来。

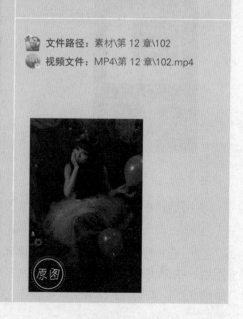

文件路径：素材\第 12 章\102

视频文件：MP4\第 12 章\102.mp4

STEP 01 启动 Photoshop CC 程序后，执行"文件"|"打开"命令，弹出"打开"对话框，选择本

书配套光盘中"第 12 章\102\102.jpg"文件，单击"打开"按钮，如图 12-26 所示。

STEP 02 按 Ctrl+J 组合键复制图像至新的图层中。执行"滤镜"|"Camera Raw"滤镜命令，打开"Camera Raw"滤镜对话框，在对话框中选择"自动"选项，此时图像效果如图 12-27 所示。

STEP 03 拖动右侧选项栏中的各个滑块，调整数值，让图像的色彩、光影保持一致，如图 12-28 所示。

图 12-26　打开文件　　　图 12-27　"Camera Raw"滤镜　　　图 12-28　调整数值

STEP 04 选择"HSL/灰度"选项按钮，在下面的选项栏中调整"色相"及"饱和度"的参数，让色彩更加的绚丽，如图 12-29 所示。

STEP 05 单击"确定"按钮，关闭对话框。选择图层面板下的"创建新的填充或调整图层"按钮，创建"可选颜色"调整图层，在"颜色"下拉列表中调整"白""黑"通道的参数，调整人物的色彩，如图 12-30 所示。

图 12-29　调整"HSL/灰度"数值　　　图 12-30　"可选颜色"调整图层

技巧：斜线构图可以增强画面的运动趋势，具有较强的视线引导作用，可以将观众的视线引导至主体，起到突出主体的作用，同时斜线构图在表现画面力量、方向感、动感方面也具有明显的优势，能够增强主体对象的气势与视觉冲击力。

STEP 06 按 Ctrl+Shift+Alt+E 组合键，盖印图层。选择工具箱中的"矩形选框"工具，在人物上半身创建选区，如图 12-31 所示。

STEP 07 按 Ctrl+T 组合键显示定界框，将光标放置在定界框的中间位置，当光标变为 ↕ 状时，向上拖曳光标拉伸人物，按下回车键确认变形操作，按 Ctrl+D 组合键取消选区，图像对比度如图 12-32 所示。

STEP 08 同方法，拉伸人物的身体比例，让人物显得修长、线条优美，如图 12-33 所示。

STEP 09 单击"确定"按钮，关闭对话框。按住 Alt 键选择图层面板下的"添加图层蒙版"按钮 ▣，为该图层添加一个反向蒙版，选择工具箱中的"画笔"工具 ✎，设置前景色为白色，画笔的"不透明度"为 50%，在人物脸上涂抹，美化肌肤，如图 12-36 所示。

图 12-31　创建选区

图 12-32　拉长人物

图 12-33　拉伸人物

STEP 10 选择工具箱中的"修补"工具 ▦，修饰人物脸上的瑕疵，美化肌肤，如图 12-34 所示。

STEP 11 按 Ctrl+J 组合键，复制图层。执行"滤镜"|"模糊"|"高斯模糊"命令，在弹出的"高斯模糊"对话框中设置相关参数，模糊人物皮肤，如图 12-35 所示。

图 12-34　修复肌肤瑕疵

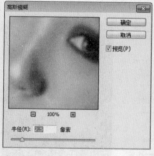
图 12-35　"高斯模糊"对话框

图 12-36　添加蒙版

STEP 12 按 Ctrl+Shift+Alt+E 组合键，盖印图层。切换至"通道"面板，按住 Ctrl 键的同时单击 RGB 通道选取该图像的高光部分，如图 12-37 所示。

STEP 13 切换至"图层"面板，按 Ctrl+C 组合键复制选区内的图像，按 Ctrl+V 组合键将选区内的图像进行粘贴，生成一个高光区域的图层。执行"滤镜"|"锐化"|"USM 锐化"命令，在弹出的对话框中设置相关参数，如图 12-38 所示。

STEP 14 按 Ctrl+Shift+Alt+E 组合键，盖印图层。执行"滤镜"|"液化"命令，对人物进行瘦身处理，让照片更加的完美，如图 12-39 所示。

图 12-37　载入高光区域　　　　图 12-38　"USM 锐化"对话框　　　　图 12-39　人物瘦身

STEP 15 单击"确定"按钮，关闭对话框。按 Ctrl+O 组合键，打开"光晕"素材，选择工具箱中的"移动"工具 ，将该素材拖到编辑的文档中，按 Ctrl+T 组合键适当调整大小和位置，设置该图层的混合模式为"滤色"，如图 12-40 所示。

STEP 16 选择图层面板下方的"添加图层蒙版"按钮 ，为该图层添加一个蒙版，选择工具箱中的"画笔"工具 ，设置前景色为黑色，隐藏多余的光晕图像，如图 12-41 所示。

STEP 17 同上述操作方法，为图像添加另外的光晕效果，如图 12-42 所示。

STEP 18 按 Ctrl+O 组合键，打开"文字"素材，选择工具箱中的"移动"工具 ，将该素材拖到编辑的文档中，按 Ctrl+T 组合键适当调整大小和位置，图像效果如图 12-43 所示。

图 12-40　添加素材　　　　图 12-41　添加蒙版　　　　图 12-42　添加素材　　　　图 12-43　最终效果

技巧：曲线构图能够借助曲线柔美的造型特点、弧度与走向的趋势，合理地进行表达，使曲线的自然美上升为摄影中的艺术，同时在画面中以优美、舒展等视觉效果突出主体，美化画面。

103. 红颜

　　古装摄影属于艺术摄影的一部分，通过角度、光线、表情、衣服、化妆、背景等，充分发掘每一位被拍摄者的古典气质，从而达到复古的效果。在本实例中，整个图像的色彩比较暗淡、人物不够明确，显得人物的肌肤比较的脏乱，在后期处理中，利用"Camera Raw"滤镜调整整体的色调，再用美肌的方法对肌肤进行修饰，最后为图像添加文字素材，将画面完整化。

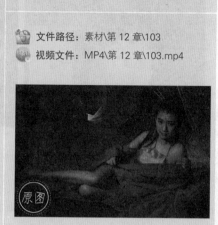

文件路径：素材\第 12 章\103

视频文件：MP4\第 12 章\103.mp4

STEP 01 启动 Photoshop CC 程序后，执行"文件"|"打开"命令，弹出"打开"对话框，选择本书配套光盘中"第 12 章\103\103.jpg"文件，单击"打开"按钮，如图 12-44 所示。

STEP 02 在"图层"面板中，将"背景"图层拖动面板下方的"创建新图层"按钮，复制"背景"图层，得到"背景复制"图层，如图 12-45 所示。

图 12-44　打开文件

图 12-45　图层面板

STEP 03 执行"滤镜"|"Camera Raw"滤镜命令，打开"Camera Raw"滤镜对话框，如图 12-46 所示。

STEP 04 选择右侧的工具选项栏中的"基本"按钮，在其选项栏中设置相关的参数，调整图像的曝光度、阴影等区域，如图 12-47 所示。

图 12-46　"Camera Raw"滤镜对话框

图 12-47　调整"基本"数值

STEP 05 选择工具选项栏中的"色调曲线"按钮 ，选择"点"选项，单击并拖动曲线上的点调整图像的对比度，如图 12-48 所示。

STEP 06 单击"确定"按钮，关闭对话框，此时图像效果如图 12-49 所示。

图 12-48　调整"色调曲线"数值

图 12-49　图像效果

STEP 07 选择图层面板下方的"创建新的填充或调整图层"按钮 ，创建"可选颜色"调整图层，在"颜色"下拉列表中选择"红""黄""洋红"等通道进行调整，调整图像整体色调，如图 12-50 所示。

图 12-50　"可选颜色"调整图层

STEP 08 创建"曲线"调整图层，在弹出的对话框中调整"红"通道参数，降低整体画面的红色色调，如图 12-51 所示。

STEP 09 按 Ctrl+Shift+Alt+E 组合键，盖印图层。选择工具箱中的"污点修复画笔"工具 ，去除人物肌肤上的瑕疵，如图 12-52 所示。

图 12-51　"曲线"调整图层

图 12-52　去除人物瑕疵

STEP 10 利用"时尚妆容修复术"为人物美化肌肤（前面章节讲解，本例不再重复），对比图效果如图 12-53 所示。

STEP 11 按 Ctrl+Shift+Alt+E 组合键，盖印图层。选择工具箱中的"仿制图章"工具 ，在肌肤不均匀区域涂抹，美化人物肌肤，如图 12-54 所示。

图 12-53　美化肌肤

图 12-54　均匀人物肌肤

STEP 12 执行"滤镜"|"液化"命令，在弹出的对话框中用"向前变形"工具 对人物进行瘦身处理，如图 12-55 所示。

STEP 13 选择工具箱中的"矩形选框"工具 ，在人物腿部区域创建选区，按 Ctrl+T 组合键显示定界框，拖动定界框拉伸人物身形比例，让人物显得更加的苗条、修长，如图 12-56 所示。

图 12-55　人物瘦身

图 12-56　拉伸人物比例

STEP 14 按 Ctrl+Alt+Shift+N 组合键，新建图层，设置该图层的混合模式为"柔光"、不透明度为30%。选择工具箱中的"画笔"工具 ，设置前景色为白色，在人物肩膀及腿部区域涂抹，为人物制作高光区域，让人物更加显得有立体感，如图 12-57 所示。

STEP 15 新建图层，设置该图层的混合模式为"柔光"、不透明度为 20%。选择工具箱中的"画笔"工具 ，设置前景色为黑色，在人物脸部区域涂抹，为人物制作暗影区域，让人物更加显得有立体感，如图 12-58 所示。

> 技 巧： X 形构图透视感强，有利于把人们视线由四周引向中心，或景物具有从中心向四周逐渐放大的特点。常用于建筑、大桥、公路、田野等题材。

图 12-57　绘制高光区域

图 12-58　绘制阴影区域

STEP 16 按 Ctrl+Shift+Alt+E 组合键，盖印图层。选择工具箱中的"钢笔"工具，在人物眼球区域创建选区，对人物眼球进行美化处理，如图 12-59 所示。

STEP 17 新建图层。选择工具箱中的"渐变"工具，在工具选项栏中的"渐变编辑器"对话框中设置"透明色到黑色"的渐变色，按下"径向渐变"按钮，从图像的中心往四周拖动光标填充径向渐变，设置该图层的混合模式为"柔光"、不透明度为 50%，增强画面的对比度，如图 12-60 所示。

图 12-59　美化眼球

图 12-60　填充渐变

STEP 18 按 Ctrl+O 组合键，打开"文字"素材，选择工具箱中的"移动"工具将该素材拖曳到编辑的文档中，按 Ctrl+T 组合键适当调整其大小和位置，图像效果如图 12-61 所示。

技 巧：日常拍摄一般都以身边的人作为模特，由于被摄对象能力有限，可能会出现造型生硬的问题。这时，可以灵活运用模特的手部表现自然的姿势。同时，还应注意最好不要拍摄对象的手心，否则会给人不自然的感觉。

图 12-61　最终效果

104. 酷女郎

　　"酷"不再是男人的概括,在女人中往往有一部人,她们无需太多的装饰,就能随身所欲地展现自己酷酷的姿态,我们称她们为"酷女郎"。在本实例中,图像中的女子骑坐在机车上,本身就很酷了,可是在色彩上就还有些欠缺的地方,在后期的处理中,我们可以利用调整图层为图像调整色调,让图像的整体色调偏向冷、酷,制作出大气、冷酷的艺术照片。

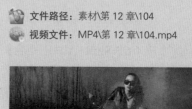

文件路径: 素材\第 12 章\104

视频文件: MP4\第 12 章\104.mp4

STEP 01 启动 Photoshop CC 程序后,执行"文件"|"打开"命令,弹出"打开"对话框,选择本书配套光盘中"第 12 章\104\104.jpg"文件,单击"打开"按钮,如图 12-62 所示。

STEP 02 按 Ctrl+J 组合键复制"背景"图层,得到"图层 1"。此时图像有些不对称,我们执行"编辑"|"变换"|"变形"命令,显示出变形网格定界框,如图 12-63 所示。

图 12-62　打开文件

图 12-63　显示定界框

STEP 03 拖动定界框四周的控制点如图 12-64 所示,调整图像的协调度。

STEP 04 按下回车键确认图像的变形操作。执行"编辑"|"转换为配置文件"命令,在弹出的"转换为配置文件"对话框中设置相关参数,如图 12-65 所示。

STEP 05 单击"确定"按钮,关闭对话框。执行"编辑"|"指定配置文件"命令,在弹出的对话框中选择"配置文件"按钮,在其下拉列表中选择"Adobe RGB(1998)"颜色配置模式,如图 12-66 所示。

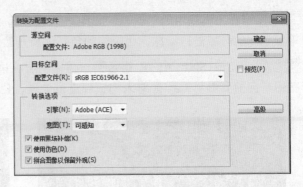

图 12-64 变形定界框   图 12-65 "转换为配置文件"对话框

STEP 06 单击"确定"按钮,关闭对话框。再次执行"编辑"|"转换为配置文件"命令,在弹出的"转换为配置文件"对话框中设置相关参数,如图 12-67 所示。

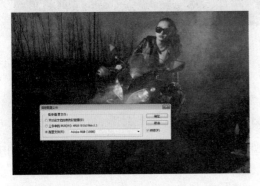

图 12-66 "指定配置文件"对话框   图 12-67 "转换为配置文件"对话框

STEP 07 单击"确定"按钮,关闭对话框,按 Ctrl+J 组合键复制图层。选择图层面板下的"创建新的填充或调整图层"按钮 ，创建"可选颜色"调整图层,在"颜色"下拉列表下分别调整"红""黄"等颜色通道的参数,调整图像的整体色彩,如图 12-68 所示。

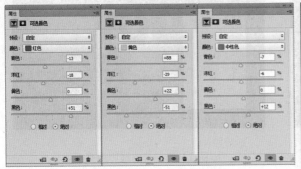

图 12-68 "可选颜色"调整图层

技巧：如果照片配置内容是第三个选项"配置文件(R)：Adobe RGB(1998)需要调整的步骤为：先执行"编辑"|"转换为配置文件"|目标空间"配置文件(R)：sRGB IEC61966-2.1",再执行"编辑"|"指定配置文件"|"配置文件(R)：Adobe RGB(1998)",最后执行"编辑"|"转换为配置文件"|目标空间"配置文件(R)：sRGB IEC61966-2.1"。

STEP 08 选择工具箱中的 "画笔" 工具 ，设置前景色为黑色，画笔的不透明度为 30%，在地面等颜色深的区域进行涂抹，让四周的色彩保持一致的对比度，如图 12-69 所示。

STEP 09 按 Ctrl+Shift+Alt+E 组合键，盖印图层。执行 "滤镜" | "液化" 命令，在弹出的对话框中用 "向前变形" 工具 对人物头部进行处理，让身体整体协调一致，如图 12-70 所示。

图 12-69　画笔涂抹

图 12-70　人物瘦身

技巧：　紧凑式构图的主体以特写的形式加以放大，使其以局部布满画面，具有紧凑、细腻、微观等特点。常用于人物肖像、显微摄影，或者表现局部细节。对刻画人物的面部往往能达到传神的境地，令人难忘。

STEP 10 切换至 "通道" 面板，按住 Ctrl 键的同时单击 RGB 通道选取该图像的高光部分，如图 12-71 所示。

STEP 11 选择图层面板下方的 "创建新的填充或调整图层" 按钮 ，创建 "曲线" 调整图层，在弹出的对话框中调整 RGB 通道参数，调整图像的高光区域，如图 12-72 所示。

图 12-71　载入高光

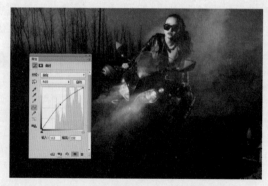

图 12-72　"曲线" 调整图层

STEP 12 选择图层面板下方的 "创建新的填充或调整图层" 按钮 ，创建 "渐变填充" 调整图层，在弹出的对话框中设置 "透明色到黑色" 的渐变色，"样式" 为 "径向渐变"、"角度" 为 115°，如图 12-73 所示。

STEP 13 单击 "确定" 按钮，关闭对话框，设置该图层的混合模式为 "柔光"、不透明度为 50%，增加画面的立体感，如图 12-74 所示。

图 12-73　"渐变填充"调整图层

图 12-74　设置图层混合模式

STEP 14 新建图层，设置前景色为白色。选择工具箱中的"画笔"工具 ，在灯光出涂抹白色，如图 12-75 所示。

STEP 15 执行"滤镜"|"模糊"|"高斯模糊"命令，在打开的"高斯模糊"对话框中设置相关参数，模糊白色区域，如图 12-76 所示。

图 12-75　画笔涂抹

图 12-76　"高斯模糊"对话框

STEP 16 单击"确定"按钮，关闭对话框，设置该图层的混合模式为"叠加"、不透明度为 80%，加强灯光的亮度，如图 12-77 所示。

STEP 17 选择图层面板下方的"创建新的填充或调整图层"按钮 ，创建"色相/饱和度"调整图层，在通道选项中选择"红"通道，调整其参数，增强人物嘴唇的红润度，让人物更加的精神饱满，如图 12-78 所示。

图 12-77　设置图层混合模式

图 12-78　最终效果

技巧：小品式构图是通过近摄等手段，并根据思想把本来不足为奇的小景物变成富有情趣、寓意深刻的幽默画面的一种构图方式。具有自由想象、不拘一格的特点，此构图没有固定的章法。

▶ 永远的守候   ▶ 水墨情怀

▶ 古典韵味   ▶ 冬季恋歌

▶ 第13章
相濡以沫——婚纱数码照片修饰

　　婚纱照是记录两人生活中的点点滴滴，或亲密，或调皮，或搞怪，是每一个瞬间的彩色笔记本。随着社会多元素的产生，有不同的婚纱类型产生，但百变不离其宗，都离不开单独的照片，但其显得平庸、不独特。在本章中，主要讲解当前流行的一些元素，通过不同案例的分析及处理，详细讲解不同风格照片的处理方法，利用本章介绍的相关处理方法和工具，可以对不同的照片进行不同的处理。

105. 永远的守候

　　粉红色是一种浪漫的颜色，它鲜明而有生气，可以提升照片的亮度和时尚度，营造出甜蜜温馨的色彩氛围。粉红色没有忧伤，是单纯而甜美的颜色，可以把女人浪漫、柔美的情怀体现出来。本实例以粉色为基调，通过素材与调色工具的综合利用，制作一幅浪漫的婚纱片。

文件路径：素材\第 13 章\105

视频文件：MP4\第 13 章\105. mp4

STEP 01 启动 Photoshop CC 程序后，执行"文件"|"新建"命令，弹出"新建"对话框，设置相关参数，如图 13-1 所示。

STEP 02 单击"确定"按钮，新建一个空白文档。按 Ctrl+O 组合键，打开"背景"素材。选择"移动"工具 将背景图像拖到编辑的文档中，按 Ctrl+T 组合键显示定界框，调整图像的高度，按回车键确认操作，如图 13-2 所示。

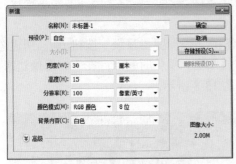

图 13-1　新建文件

图 13-2　添加素材

STEP 03 选择图层面板下方的"创建新的填充或调整图层"按钮 ，创建"曲线"调整图层，在 RGB 通道中设置相关参数，调整整体画面的色调，如图 13-3 所示。

STEP 04 创建"色相/饱和度"调整图层，在弹出的对话框中调整"饱和度"参数，降低图像的饱和度，如图 13-4 所示。

　　技巧：侧面通常是拍摄成功率很高的角度，尤其是微微一笑的侧面，更能表现出模特明亮有神的眼睛，而且通常脸型也会比平时看着瘦。

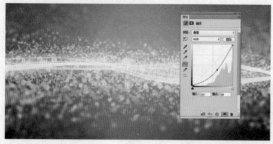
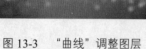

图 13-3 "曲线"调整图层

图 13-4 "色相/饱和度"调整图层

STEP 05 按 Ctrl+O 组合键，打开"人物"素材。选择"移动"工具，将婚纱人物拖到编辑的文档中，按 Ctrl+T 组合键显示定界框，调整图像的高度，按回车键确认操作，如图 13-5 所示。

STEP 06 执行"图像" | "调整" | "色相/饱和度"命令，或按 Ctrl+U 组合键，打开"色相/饱和度"对话框，在"全图"下拉列表中选择"红"通道，选择对话框中的"吸管"工具，在"人物"图像上的草地上单击，选择草地的颜色，如图 13-6 所示。

图 13-5 添加素材

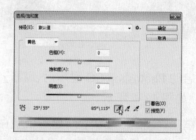

图 13-6 "色相/饱和度"对话框

STEP 07 适当的调整对话框中的"色相"及"明度"参数，调整草地的色彩与周围的颜色保持一致，如图 13-7 所示。

STEP 08 单击"确定"按钮，关闭对话框。选择图层面板下的"添加图层蒙版"按钮，创建图层蒙版。选择工具箱中的"渐变"工具，填充默认的线性渐变，操作时起点应在人物图像边缘，将人物图像的边缘隐藏，将人物融入到背景素材中，如图 13-8 所示。

图 13-7 调整参数

图 13-8 填充渐变

STEP 09 选择图层面板下方的"创建新的填充或调整图层"按钮，创建"可选颜色"调整图层，在"颜色"下拉列表中调整"黄"通道参数，按 Ctrl+Alt+G 组合键创建剪贴蒙版，调整人物的肌肤色调，如图 13-9 所示。

STEP 10 在"图层"面板中选中最顶层图层,按 Ctrl+Shfit+Alt+E 组合键盖印图层。执行"滤镜"|"模糊"|"高斯模糊"命令,在弹出的"高斯模糊"对话框中设置相关参数,模糊图像,如图 13-10 所示。

图 13-9 "可选颜色"调整图层　　　　　　　图 13-10 "高斯模糊"对话框

STEP 11 单击"确定"按钮,关闭对话框,设置该图层的混合模式为"柔光",此时图像效果如图 13-11 所示。按 Ctrl+Shfit+Alt+E 组合键,盖印图层。选择工具箱中的"套索"工具,在人物上创建选区,按 Shift+F6 组合键羽化 50 像素。执行"滤镜"|"锐化"|"USM 锐化"命令,在弹出的对话框中设置相关参数,锐化人物图像,如图 13-12 所示。

图 13-11 设置图层混合模式　　　　　　　图 13-12 "USM 锐化"对话框

STEP 12 单击"确定"按钮,关闭对话框,按 Ctrl+D 组合键取消选区。选择工具箱中的"套索"工具,在人物肤色较红的区域创建选区,按 Shift+F6 组合键羽化 10 像素,如图 13-13 所示。

STEP 13 执行"图像"|"调整"|"可选颜色"命令,或按 Alt+I+J+S 组合键,打开"可选颜色"对话框,在"颜色"下拉列表中调整"红"通道参数,去除人物肤色上的红色,如图 13-14 所示。

图 13-13 创建选区　　　　　　　图 13-14 "可选颜色"对话框

STEP 14 单击"确定"按钮，关闭对话框，按 Ctrl+D 组合键取消选区。执行"文件"|"新建"命令，弹出"新建"对话框，设置相关参数，如图 13-15 所示。

STEP 15 单击"确定"按钮，新建一个空白文档。按 Ctrl+0(数字)组合键将画布放到最大化，选择工具箱中的"矩形选框"工具，在画布内创建选区，填充白色。执行"编辑"|"定义图案"命令，在弹出的对话框中设置图案的名称，如图 13-16 所示。

STEP 16 切换至编辑的文档中，按 Ctrl+Shift+Alt+N 组合键，新建图层。执行"编辑"|"填充"命令，在弹出的对话框中选择"自定图案"选项，找到刚才所定义的图案，如图 13-17 所示。

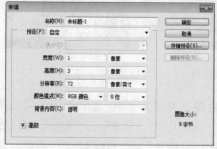
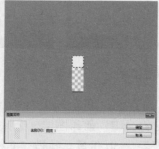
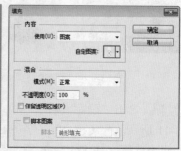

图 13-15　新建图层　　　　图 13-16　"定义图案"对话框　　　图 13-17　"填充"对话框

技巧：拍摄时尽量不要穿夹脚拖鞋，一方面是不美观，另一方面是对腿型也没有修饰作用。

STEP 17 单击"确定"按钮，关闭对话框。设置该图层的混合模式为"叠加"、不透明度为 65%，如图 13-18 所示。

STEP 18 选择图层面板下方的"添加图层蒙版"按钮，为该图层添加一个蒙版，选择工具箱中的"画笔"工具，设置前景色为黑色，在人物区域进行涂抹，隐藏多余的定义图案，如图 13-19 所示。

图 13-18　设置图层混合模式　　　　　　　　　　图 13-19　添加蒙版

STEP 19 按 Ctrl+O 组合键，打开"炫光"素材，选择工具箱中的"移动"工具将素材拖到编辑的文档中，按 Ctrl+T 组合键调整其大小和位置，设置图层混合模式为"滤色"，如图 13-20 所示。

STEP 20 选择图层面板下方的"添加图层蒙版"按钮，为该图层添加一个蒙版，选择"画笔"工具，用黑色的画笔在图像边缘涂抹，隐藏多余的炫光，如图 13-21 所示。

技巧：好的背景能起到烘托、美化被摄人物的作用，而不好的背景则会影响画面的美感。在摄影中，如下一些景致不宜充当背景：景物零乱繁杂；喧宾夺主的亮色块景物；具有冷色调的景物；反差异常强烈的景物。

图 13-20　添加素材

图 13-21　隐藏多余素材

STEP 21 同上述操作方法，加入相同的炫光素材，如图 13-22 所示。

STEP 22 按 Ctrl+O 组合键，打开"文字"素材，选择工具箱中的"移动"工具 将素材拖到编辑的文档中，按 Ctrl+T 组合键调整其大小和位置，图像效果如图 13-23 所示。

图 13-22　添加蒙版

图 13-23　最终效果

106 水墨情怀

　　画意风格是摄影史上最早出现的摄影流派。它追求绘画般的意境美，深受有一定艺术修养和审美品位人士的青睐。画意摄影常给人唯美、宁静、意味深长的感觉。油画画意讲求画面的立体感，国画画意讲求气韵生动，注重艺术形象的主客观一致。在本实例中，通过水墨素材的添加及调色工具的运用，将一幅具有现代气息的婚纱片打造为古典、复古、唯美的意境画册。

文件路径：素材\第 13 章\106

视频文件：MP4\第 13 章\106. mp4

STEP 01 启动 Photoshop CC 程序后,执行"文件"|"新建"命令,弹出"新建"对话框,设置相关参数,如图 13-24 所示。

STEP 02 单击"确定"按钮,新建一个空白文档。执行"图层"|"新建"|"图层"命令,或按 Shift+Ctrl+N 组合键新建图层,填充白色,执行"滤镜"|"素描"|"半调图案"命令,在弹出的对话框中设置相关参数,如图 13-25 所示。

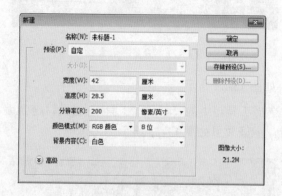

图 13-24　新建文件

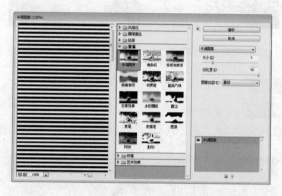

图 13-25　"半调图案"对话框

> 技巧: 小件物品的照明,既可以用从窗户透过来的自然光,也可以用摄影灯、闪光灯,甚至烛光和落地灯,或是这些光源的混合光。同时,在物体的另一面,竖起一个大的反光板以补充阴暗面的光线不足。

STEP 03 单击"确定"按钮,关闭对话框。执行"滤镜"|"画笔描边"|"喷溅"命令,在弹出的对话框中设置喷溅的参数,制作仿宣纸纹效果,如图 13-26 所示。

STEP 04 单击"确定"按钮,关闭对话框,设置该图层的不透明度为 30%,此时图像效果如图 13-27 所示。

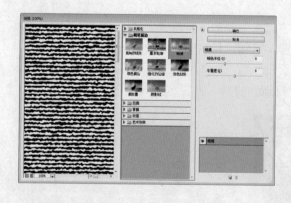

图 13-26　"喷溅"对话框

图 13-27　图像效果

STEP 05 选择图层面板下方的"添加图层蒙版"按钮 ，创建图层蒙版。选择工具箱中的"渐变"工具 ，填充默认的径向渐变,操作时起点应在图像的中心往四周拖动,将多余的宣纸纹理隐藏,如图 13-28 所示。

STEP 06 按 Ctrl+O 组合键,打开"水墨"素材。选择"移动"工具 将背景图像拖到编辑的文档中，按 Ctrl+T 组合键显示定界框，调整图像的高度，按回车键确认操作，设置其混合模式为"正片叠底"，如图 13-29 所示。

STEP 07 打开"墨迹"素材。选择"移动"工具 将背景图像拖到编辑的文档中，按 Ctrl+T 组合键显示定界框，调整图像的高度，按回车键确认操作，设置其混合模式为"正片叠底"，如图 13-30 所示。

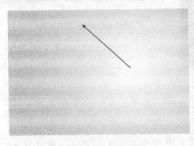
图 13-28　添加蒙版

图 13-29　添加素材

图 13-30　设置图层混合模式

STEP 08 同样方法，导入其他的水墨素材，设置图层混合模式为"正片叠底"、不透明度为 16%，如图 13-31 所示。

STEP 09 按 Ctrl+O 组合键，打开"江南人家"素材，并将其拖入到编辑的文档中，设置该图层的混合模式为"正片叠底"。选择图层面板下的"添加图层蒙版"按钮 ，为该图层添加蒙版，选择"画笔"工具 ，设置前景色为黑色，在该图层蒙版上进行涂抹，如图 13-32 所示。

STEP 10 按 Ctrl+O 组合键，打开"树木"素材，并将其拖入到编辑的文档中。选择图层面板下的"添加图层蒙版"按钮 ，创建图层蒙版。选择工具箱中的"渐变"工具 填充默认的线性渐变，操作时起点应在树木图像边缘，将树木图像的边缘隐藏，将树木融入到背景素材中，如图 13-33 所示。

图 13-31　添加素材

图 13-32　添加素材

图 13-33　添加素材

STEP 11 按 Ctrl+O 组合键，打开"人物"素材，并将其拖入到编辑的文档中。选择图层面板下的"添加图层蒙版"按钮 ，创建图层蒙版。选择工具箱中的"渐变"工具 填充默认的线性渐变，操作时起点应在人物图像边缘，将人物图像的边缘隐藏，将人物融入到背景素材中，如图 13-34 所示。

STEP 12 选择图层面板下方的"创建新图层"按钮 ，新建图层。选择工具箱中的"椭圆选框"工具 ，在人物图像上创建选区，按 Shift+F6 组合键羽化 50 像素，如图 13-35 所示。

STEP 13 选择工具箱中的 "渐变" 工具■，单击工具选项栏中的按钮█████，打开 "渐变编辑器" 对话框，设置蓝色（#0492e1）到洋红色（#ca08c9）的渐变，如图 13-36 所示。

图 13-34　添加素材　　　　　图 13-35　创建选区　　　　　图 13-36　"渐变编辑器"对话框

> **技巧：** 对着反光的背景拍摄会产生散射光，进而会影响到 TTL 测光，使得曝光不足，所以尽量避免主体出现在镜子前、窗户前或镶玻璃的镜框前时拍摄。如果无法避免，就把闪光灯转一个角度，以避免反射光直接进入镜头。

STEP 14 单击 "确定" 按钮，关闭 "渐变编辑器" 对话框。按工具选项栏中的 "径向渐变" 按钮■，从文档的右上角往左下角拖动光标，填充径向渐变，设置该渐变图层的混合模式为 "颜色"、不透明度为 40%，如图 13-37 所示。

STEP 15 按 Ctrl+D 组合键取消选区。新建图层，选择工具箱中的 "渐变" 工具■，从文档的右上角往左下角拖动光标，填充径向渐变，设置该渐变图层的混合模式为 "颜色减淡"、不透明度为 30%，图像效果如图 13-38 所示。

STEP 16 按 Ctrl+O 组合键，打开 "文字" 素材，选择工具箱中的 "移动" 工具► 将素材拖到编辑的文档中，按 Ctrl+T 组合键调整其大小和位置，图像效果如图 13-39 所示。

图 13-37　填充径向渐变　　　　　图 13-38　填充渐变　　　　　图 13-39　最终效果

107. 古典韵味

　　古典味的婚纱片能给人复古的感觉，可以展现出特殊的婚片效果。在本实例中，通过自制竹签的效果来体现古典婚纱的韵味，再加上画面与书法文字的辉映，展现了复古气息浓郁的婚片。

文件路径：素材\第 13 章\107

视频文件：MP4\第 13 章\107.mp4

STEP 01 启动 Photoshop CC 程序后，执行"文件"|"新建"命令，弹出"新建"对话框，设置相关参数，如图 13-40 所示。

STEP 02 单击"确定"按钮，新建一个空白文档。双击工具箱中的"拾色器"按钮，设置前景色为棕褐色（#4e3007），按 Alt+Delete 组合键填充前景色，如图 13-41 所示。

STEP 03 执行"滤镜"|"杂色"|"添加杂色"命令，在弹出的"添加杂色"对话框中设置相关参数，如图 13-42 所示。

图 13-40　新建文件

图 13-41　填充前景色

图 13-42　"添加杂色"对话框

STEP 04 单击"确定"按钮，关闭对话框。执行"滤镜"|"模糊"|"动感模糊"命令，在弹出的"动感模糊"对话框中设置相关参数，如图 13-43 所示。

STEP 05 单击"确定"按钮，关闭对话框。选择工具箱中的"矩形选框"工具，在文档中创建一个矩形选区，如图 13-44 所示。

STEP 06 按 Ctrl+J 组合键复制选区内的图像至新的图层，选择图层面板下方的"添加图层样式"按钮 fx，在弹出的快捷菜单中选择"斜面与浮雕"选项，参数设置如图 13-45 所示。

STEP 07 单击"确定"按钮，关闭对话框，此时图像效果如图 13-46 所示。

STEP 08 同样方法，依次制作出竹签效果，如图 13-47 所示。

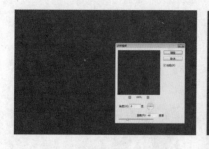

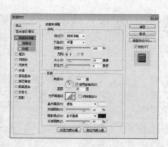

图 13-43　"动感模糊"对话框　　图 13-44　创建选区　　图 13-45　"添加图层样式"对话框

STEP 09 选择工具箱中的"画笔"工具，在其工具选项栏中分别设置画笔的大小、笔尖等各项参数，如图 13-48 所示。

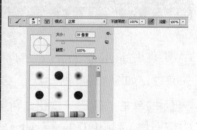

图 13-46　图像效果　　　　图 13-47　竹签效果　　　　图 13-48　画笔参数

STEP 10 按 Ctrl+Shift+Alt+N 组合键，新建图层，设置前景色为黑色。拉出几条不同的参考线，用画笔在每个竹签中间的位置，沿着参考线画一个黑色的圆，如图 13-49 所示。

STEP 11 按 Ctrl+J 组合键将画好的竹签复制一份，移动到另一边，如图 13-50 所示。

STEP 12 按 Ctrl+H 组合键隐藏参考线。新建图层，设置画笔大小为 10px，按 Shift 键在孔中间的位置，画出一条直线，如图 13-51 所示。

图 13-49　制作竹签孔　　　　图 13-50　复制图层　　　　图 13-51　绘制直线

STEP 13 双击该图层，在打开的"图层样式"左侧列表中选择"斜面与浮雕""图案叠加"选项，设置相关参数，如图 13-52 所示。

STEP 14 单击"确定"按钮，关闭对话框。选择工具箱中的"矩形选框"工具，在线条上创建选区，按 Shift+F6 组合键羽化 5 像素，如图 13-53 所示。

STEP 15 按 Delete 键删除选区内的图像，此时图像效果如图 13-54 所示。

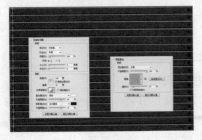
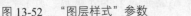

图 13-52　"图层样式"参数　　图 13-53　创建矩形框　　图 13-54　删除图像

STEP 16 同上述操作方法，将多余的线条删除掉，按 Ctrl+J 组合键复制线条至另一边的孔上，如图 13-55 所示。

STEP 17 按 Ctrl+O 组合键，打开"水墨荷花"素材。选择"移动"工具 将背景图像拖到编辑的文档中，按 Ctrl+T 组合键显示定界框，调整图像的高度，按回车键确认操作，设置其混合模式为"柔光"，如图 13-56 所示。

STEP 18 按 Ctrl+O 组合键，打开"人物"素材，选择工具箱中的"移动"工具 将该素材拖拽到编辑的文档中，按 Ctrl+T 组合键适当调整其大小和位置，设置该图层的混合模式为"叠加"，不透明度为 79%，如图 13-57 所示。

图 13-55　制作竹签中的线条　　图 13-56　添加素材　　图 13-57　添加素材

STEP 19 选择图层面板下方的"添加图层蒙版"按钮 ，创建图层蒙版。选择工具箱中的"渐变"工具 填充默认的线性渐变，操作时起点应在人物图像边缘，将人物图像的边缘隐藏，将人物融入到背景素材中，如图 13-58 所示。

图 13-58　添加蒙版　　图 13-59　最终效果

STEP 20 按 Ctrl+O 组合键，打开"文字"素材，选择工具箱中的"移动"工具 将素材拖到编辑的文档中，按 Ctrl+T 组合键调整其大小和位置，图像效果如图 13-59 所示。

> 技巧：用户所创建的图像文件若需要印刷，为保证清晰度，建议分辨率设置为 300 像素/英寸以上；若仅用于浏览图像或网页，建议分辨率设置为 72 像素/英寸左右即可，分辨率越高，则文件也越大。在默认情况下，所创建图像的"背景内容"均为"白色"，用户也可以根据需要设置背景内容的颜色，单击"背景内容"右侧的下拉按钮，在弹出的下拉列表框中选择所需要的选项即可。

108. 冬季恋歌

　　白色是婚纱的经典颜色，它象征着爱情的纯洁与坚贞。白色的性情内敛、高雅、明快，与各种颜色都容易配合。沉闷的颜色加上白色，立即就明快起来，深色加上白色，就会出现明度上的节奏感。从对比度角度讲，白色能够使与它相邻的明色变得有暗色感，大面积使用白色，会给人一种冲击力。在本实例中，通过通道、滤镜和调色工具，将一副盛夏时节的外景婚纱片制作为充满浪漫气息的白雪皑皑的世界。

　　文件路径：素材\第 13 章\108
　　视频文件：MP4\第 13 章\108.mp4

STEP 01 启动 Photoshop CC 程序后，执行"文件"|"打开"命令，弹出"打开"对话框，选择本书配套光盘中"第 13 章\108、108.jpg"文件，单击"打开"按钮，如图 13-60 所示。

STEP 02 按 Ctrl+J 组合键复制"背景"图层，得到"图层 1"。选择图层面板下方的"创建新的填充或调整图层"按钮 ，创建"通道混合器"调整图层，在"输出通道"下拉列表中选择"灰"通道，并勾选"单色"选项，调整人物的肤色，并设置该调整图层的混合模式为"变亮"，如图 13-61 所示。

图 13-60　打开文件　　　　　　　　　　图 13-61　"通道混合器"调整图层

STEP 03 创建"通道混合器"调整图层，勾选"单色"选项，拖动"绿色"滑块，使草地及树叶呈现为白色，如图 13-62 所示。

STEP 04 选择工具箱中的"画笔"工具 ，在调整图层蒙版上涂抹人物，将人物显示出来，如图 13-63 所示。

图 13-62　"通道混合器"调整图层

图 13-63　画笔涂抹

STEP 05 创建"可选颜色"调整图层，在"颜色"下拉列表中分别调整"红""白"通道参数，调整人物的肌肤，如图 13-64 所示。

STEP 06 选择工具箱中的"套索"工具 ，在人物周围创建选区，按 Shift+F6 组合键羽化 100 像素。选择图层面板下的"创建新的填充或调整图层"按钮 ，创建"色阶"调整图层，拖动滑块加深选区内图像的色调，如图 13-65 所示。

图 13-64　"可选颜色"调整图层

图 13-65　"色阶"调整图层

STEP 07 按 Ctrl+Shift+Alt+E 组合键，盖印图层。选择工具箱中的"套索"工具 ，在图像中创建如图 13-66 所示的选区。

STEP 08 按 Shift+F6 组合键羽化 100 像素。选择图层面板下方的"创建新的填充或调整图层"按钮 ，创建"色相/饱和度"调整图层，拖动"明度"滑块，将选区内的图像调亮，如图 13-67 所示。

图 13-66　创建选区

STEP 09 选择"画笔"工具 ，设置不透明度为 30%，涂抹蒙版中的黑色交界线，使之形成柔和的过渡，从而营造出雪天白茫茫的效果，如图 13-68 所示。

图 13-67　"色相/饱和度"调整图层

图 13-68　画笔涂抹

STEP 10 将"背景"图层拖动到"创建新图层"按钮上进行复制，按 Ctrl+Shift+] 组合键将复制的图层置入图层面板的顶层。执行"滤镜"|"素描"|"影印"命令，在弹出的对话框中设置相关参数，使图像变成线描效果，如图 13-69 所示。

STEP 11 单击"确定"按钮，关闭对话框，设置该图层的混合模式为"颜色加深"，在画面中保留线描，体现手绘风格，如图 13-70 所示。

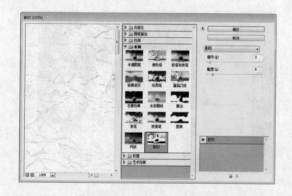

图 13-69　"影印"对话框

图 13-70　设置混合模式

技巧：按 Ctrl+S 组合键，存储图像文件，或按 Ctrl+Shift+S 组合键，存储为其他图像文件格式。在另存为文件时，若存储的文件名和文件位置相同时，则保存时会弹出信息提示框，提示当前文件已存在，是否要替换它，在另存为图像时最好更改图像文件名或改变保存的位置。

STEP 12 切换至"通道"面板，选择图层面板下方的"创建新通道"按钮 ，新建一个 Alpha 通道，设置前景色为白色，背景色为黑色。执行"滤镜"|"像素化"|"点状化"命令，设置单元格大小为 25，生成灰色杂点，如图 13-71 所示。

STEP 13 单击"确定"按钮，关闭对话框。执行"图像"|"调整"|"阈值"命令，在弹出的对话框中设置色阶为 41，让杂点变得清晰，如图 13-72 所示。

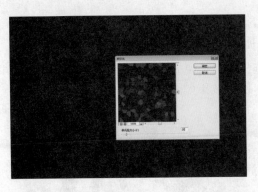

图 13-71　"点状化"对话框

图 13-72　"阈值"对话框

STEP 14 单击"确定"按钮，关闭对话框。选择通道面板下方的"将通道作为选区载入"按钮，
载入通道中的选区，如图 13-73 所示。

STEP 15 按 Ctrl+2 组合键返回彩色图像编辑状态。选择图层面板下方的"创建新图层"按钮，
新建图层，在选区内填充白色，按 Ctrl+D 组合键取消选区，如图 13-74 所示。

图 13-73　载入选区

图 13-74　填充白色

STEP 16 执行"滤镜"|"模糊"|"动感模糊"命令，对杂点进行模糊，制作出雪花飘落效果，如图
13-75 所示。

STEP 17 单击"确定"按钮，关闭对话框。选择图层面板下方的"添加图层蒙版"按钮，为该
图层添加蒙版，选择"画笔"工具，将人物脸上和身上的雪花适当隐藏，如图 13-76 所示。

图 13-75　"动感模糊"对话框

图 13-76　添加蒙版

STEP 18 按 Ctrl+Shift+Alt+E 组合键，盖印图层。选择工具箱中的"减淡"工具 🔍 ，在人物肌肤较暗区域进行涂抹，均匀人物的肤色，如图 13-77 所示。

STEP 19 按 Ctrl+O 组合键，打开"文字"素材，选择工具箱中的"移动"工具 ⊹ 将素材拖到编辑的文档中，按 Ctrl+T 组合键调整其大小和位置，图像效果如图 13-78 所示。

图 13-77　减淡人物肤色

图 13-78　最终效果